建筑技术文化：
地域建筑的底层逻辑

Building Technological Culture:
The Fundamental Logic behind Regional Architecture

高 静 著

中国建筑工业出版社

图书在版编目（CIP）数据

建筑技术文化：地域建筑的底层逻辑 = Building
Technological Culture: The Fundamental Logic behind
Regional Architecture / 高静著. -- 北京：中国建筑
工业出版社，2025.5. -- ISBN 978-7-112-31182-8

Ⅰ. TU-092

中国国家版本馆CIP数据核字第2025AV6471号

责任编辑：高　瞻　张　建
书籍设计：锋尚设计
责任校对：李美娜

建筑技术文化：地域建筑的底层逻辑

Building Technological Culture: The Fundamental Logic behind Regional Architecture

高　静　著

*

中国建筑工业出版社出版、发行（北京海淀三里河路9号）

各地新华书店、建筑书店经销

北京锋尚制版有限公司制版

建工社（河北）印刷有限公司印刷

*

开本：787毫米×1092毫米　1/16　印张：14½　字数：250千字

2025年7月第一版　　2025年7月第一次印刷

定价：**68.00元**

ISBN 978-7-112-31182-8

（45192）

二十年前，我带着对建筑学的满腔热忱与向往，步入博士研究的领域，锁定了一个既具前瞻性又饱含争议的课题——建筑技术文化的研究。这一选题，源自我对建筑内涵的深度思索：建筑不仅是技术与艺术的融合，更是文化、历史、社会等多维度的集合。我渴望通过深入探究，揭示建筑技术所蕴含的文化脉络，及其在人类文明发展中的独特角色。这个选题的厚重差点压垮我的意念，其中的艰苦、孤独的思索让我记忆犹新。

撰写博士论文的过程，是一段漫长而艰辛的旅程。我记得那些在首都图书馆独自浏览的日子，记得在长安街上自西向东的徒步，记得临近除夕还在黄土高原的村落间穿行的岁月，记得每天雷打不动的节奏以及周末西安钟鼓楼广场放空的发呆，更记得每天写作到凌晨三点的坚持。大概读博士的苦只有真正经历过的人才有同感，在迷茫中探索时仿佛进入了黑洞，孤独前行，在广泛涉猎国内外学术文献，深入研究不同地区、不同时代的建筑案例的基础上，努力在理论与实践之间搭建一座桥梁。在这一过程中，我深刻感受到了建筑技术文化的丰富性与多样性。每一项技术背后，都寄托着特有的文化理念、审美情趣和社会需求。正是这些元素的相互作用，共同铸就了建筑技术的独特风貌。

岁月如梭，不经意间已走过二十载春秋。重拾那些封存已久的博士论文手稿，内心涌动着无尽的思绪。博士毕业后我在大学执教，同时没有间断服务城市建设的实践，从城市滨河景观、自行车道、生态公园、历史景观保护、城市更新到乡村振兴建设，一路走来，跟随着城市建设需求的脚步，积累了大量建筑、景观、规划实战经验，在工作间隙梳理自我，思考博士研究与当下实践的关联。那些文字，不仅记录了一段学术探秘之旅，更是对建筑技术文化深度理解的起始篇章。2024年伊始，我思索把这份研究成果转化为书籍，期待与广大读者见面。

面对文化趋同现象、建筑文化地域化发展及现代化与传统化的讨论，本书通过研究建筑文化的根本问题，解析其表象与内在技术的复杂关系，强调合理内在逻辑对建筑外在结果的重要性，避免盲目模仿。通过理解建筑技术与文化发展的普遍规律，探讨地域建筑文化多元发展的路径、理性应用技术，对创作具有民族文化特色的地域建筑有重要意义。本书从建筑技术的角度，以三个递进的层级——"同生共进""相随心生""和而不同"，来阐释建筑技术要素与建筑文化之间的关系，提出以下观点。

首先，通过建筑技术与建筑文化发展关系的考察，重新审视建筑技术在建筑文化发展中的角色和作用。指出建筑技术与建筑文化是相伴而生、同生共进的，两者之间具有十分密切、必然的逻辑关系：建筑文化在本质上可以归结为建筑技术的一种表现；建筑文化中的各个层次都含有多种技术要素的内在支持，建筑技术要素与建筑各类型文化之间不是单一的对应关系，而是错综复杂的关系。正是由于建筑技术系统的内在支持或转化，才有建筑文化所表现出的基本特性、人文特性和状态特性。而且，建筑技术系统的本质特性引发建筑文化发展过程中多种文化现象的出现。

其次，提出地域建筑技术与地域建筑文化之间"相随心生"的普遍逻辑关系后，在研究过程中除了应用传统建筑的研究方法之外，还运用了语言学、遗传学的方法来深入揭示建筑技术文化的发展规律。运用语言学的概念来诠释建筑技术文化发展中的现象和特性，并且首次用遗传学的基因"累加效应"来解析地域建筑文化发展中的多元现象，揭示了地域建筑文化"和而不同"的内在原因，提出用基因定位克隆的方法逆向寻找地域建筑文化遗传基因的途径模式，进一步证明了地域建筑技术要素就是地域建筑文化延续发展的基因。

基于上述技术系统对建筑文化的层次作用分析，明确地域建筑技术在地域建筑文化中的地位和作用：那些能够左右地域建筑特征形态的技术要素就是地域建筑文化延续发展中的基因，因为它们携带了地域建筑文化发展的最重要的信息密码。地域技术要素基因根据技术系统的复杂性存在多种形式，各种技术要素基因可以组合匹配、通过多种形式传递。由此构成具有多样地域文化特征集合的建筑表象。其中，工艺要素在建筑技术文化生成过程中具有重要转换作用。工艺、技艺等传统的积淀、演进，逐渐赋予建筑表层结构以技术的文化表现，以致凝结而形成独自的、有别于其他（诸如地方、民族、时代、传统等）的"语言"或"符号"特征。因此，建筑文化发展应重视"相随心生"的同时，不能也不应该忽视工艺要素在建筑文化营造中的重要作用。

最后，对地域建筑文化"和而不同"的多元现象进行了进一步论述。总结建筑技术文化生成及发展规律、建筑文化的特性、建筑文化发展中的"双言现象""双语现象""混合语现象",并提出技术在传播过程中存在着类似物理学的"衍射现象",揭示了技术与文化之间明确的逻辑关系,以及建筑文化多元的内在原因。

希望以这种层层递进的解析,深刻认识、理解建筑技术本质特性与建筑文化发展之间的普遍性规律。

如今,将博士论文转化为书籍,对我而言是对过往思考的回顾。在整理过程中,我不仅对原有内容进行了充实与完善,还融入了近年来的最新研究成果和学术进展,对某些观点进行了修订与深化。同时,也力求用更加平实的语言,用易懂的案例,从多角度、不同层面,将复杂的学术议题呈现给读者,以期唤起更多人对建筑技术文化的关注与思考。

2025年

绪论：源自文化的启示

上篇
"同生共进"：
建筑文化与建筑技术

下篇
"和而不同":
地域建筑文化的多元发展与建筑技术

绪论：源自文化的启示

"发展如果与其相应的人类文化脉络
完全分离的话，
那将是一种没有灵魂的生长。"

——世界文化与发展委员会的报告

文化在现今社会是一个非常令人关注的问题。很多事物都冠以"文化"之称谓，比如"茶文化""饮食文化""传媒文化""酒文化""旅游文化"等不一而足，关系到人类衣食住行的方方面面，而"建筑文化"在其中的位置会因其特殊的固化形态而显赫得多，因此，建筑文化的趋同以及地域性丧失现象会引起社会的广泛关注。

当人们提及建筑文化趋同问题时，往往阐述是由于技术的迅猛发展所致。但是，常常最让人认可的普遍性解释会让人忽视深入思考技术的复杂性在建筑文化发展中的作用。实际上，技术不仅仅是推动文化趋同的因素，它本身是一个复杂的系统，对建筑文化的影响需要深入地思考和探讨，不能仅用一句话来概括。

0.1 从"井"文化谈起

"井"的文化演变过程展示了技术与文化之间的密切关系。从"井"最初的实用性到其逐渐衍生出的文化内涵，再到现代社会中"井"文化的消逝，这一过程揭示了技术的发展如何推动文化的变迁，并使得原本蕴含深厚文化意义的物质形态逐渐远离人们的日常生活。

0.1.1 "井"的初始目的

"井"的初始目的是生存的需要，解决生活用水的问题。井的起源可以追溯到古代人类定居之后的早期社会。当人们由游牧生活逐渐转向定居农业，生活区域的水源成为首要问题。最早的水源多是河流、湖泊或自然泉水，但这些水源受到地理位置限制，无法满足所有定居点的需求。因此，人们开始尝试挖掘地下水，创造出最早的"井"。

而"井"字的诞生，亦是源自早期人们开凿井时的结构样貌。井的形状通常为方形或圆形，井口分隔为四个方向，方便不同方向的人们取水，这种形状的特征反映在"井"字的笔画上。汉字"井"由上下两条横线和两条竖线交错组成，象征着井口的分隔形式，也反映了井的基本结构。"井"字的形状设计，可以理解为是一种对真实井口形态的简化和抽象。

作为一种供水设施，"井"的开凿反映了人们在局限的历史环境条件下为获取水资源所做的技术改进，同时也展示了人类对自然资源利用方式的逐步演变。井的形态从简单到复杂，从纯粹的供水工具逐渐衍生出丰富的文化意义。在这一阶段，"井"主要体现出的是其物质性功能，它的存在是人们为了应对自然环境、解决生存问题而采取的一种技术手段。其后随时间的更迭慢慢衍生出许多文化内涵。

0.1.2 "井"的邻里风俗

"井"的出现不仅解决了用水的问题，也在其发展过程中逐渐积淀了丰富的文化意义。在古代，井作为水源和公共空间，成为邻里交流的中心场所。在这个过程中，井不仅是生活物质的来源，也成为人们相互沟通、维系关系的场所。从下面这段话，我们可以考证"井"在中国所形成的特殊文化作用。

"昔日黄帝始经土设井，以塞争端……使八家为井，井开四道，而分八家，凿井于中，一则不泄地气，二则无费，三则同风俗，四则齐巧拙，五则通财货，六则存之更守，七则出入相同，八则嫁娶相谋，九则有无相贷，十则疾病相救"[①]。"不泄地气""无费"是井的形式产生的经济原因，而"同风俗""齐巧拙""通财货""存之更守""出入相同""嫁娶相谋""有无相贷""疾病相救"则是"井"在使用的过程中成为维系文化的重要部分，并逐渐演化成一种邻里风俗。这成为"井"文化继续发展的起点。

0.1.3 "井"文化的衍生

随着社会的发展和城市化进程的推进，井的功能逐渐从邻里间的小范围社交活动扩展到更大的社会交流和经济活动中，"市井文化"由此诞生。"……'市井'这个名词，出现于春秋时期，《国语·齐语》中就有'处商，就市井'的话。其中有一种说法，是由古老的井田制而来……'井'四周的八家相互沟通最方便、接触最频繁的地方，因而又是'同风俗''齐巧拙''通财货'的中心地带（见《后汉书·循吏传·刘宠传》注引《春秋井田记》）。最早的市是'井口'边上的市，而且只是'井'周围八家人家'通财货'的极小市场……"[②]北京城"王府井"的得名据考证是源于明中叶以来街上的一口水井，《乾隆京城全图》和民国二年（1913年）《实测北京内外城地图》均绘制该街只有一井，并明示位置。但在后来的发展中演变成商业聚集的"市街"，于是才有了今日"王府井"的热闹繁华。

类似的，日本的"井户"文化承载着丰富的历史内涵，在日本的传统庭院（如枯山水庭院或茶庭）中，井户常被设计为重要的景观元素。

---

① 吴良镛. 广义建筑学［M］. 北京：清华大学出版社，1989：10.
② 鲁威. 市井文化［M］. 沈阳：辽宁教育出版社，1993：3.

庭院中的井户不仅提供水源，还作为庭院空间的视觉中心，是日本传统生活方式的重要组成部分。井户在日式庭院中常象征着清澄与宁静，代表了日本文化中对纯净水源的尊重和对生活中细微之美的欣赏。

"井"原为单纯的供水工具，依靠井的物质形态而存在。随着社会的进步，井的物质功能逐渐弱化，变成了人们社交与交流的中心，这一过程展示了它在文化层面的演变。这是在凿井的初始所没有的文化内涵。井的变迁过程，见证了人类社会的发展历程，技术与文化的发展是水乳交融的。

0.1.4 "井"文化的遗失

现代社会技术的发展使得饮用水源不必要设在每家户院，饮用水借用各种设备、通过管道被输送到各座楼宇、千家万户。"井"在人们日常的生活中显得遥远了，更没有"井口"文化的繁荣。现代都市的繁华"市井"已没有往日"处商，就市井"的景象，"井"的地域性文化特征消失殆尽。

从"井"的例子可以看到：技术之于意识形态文化有着不可或缺的重要性，同时显示技术发展的本质矛盾性，即"双刃剑"的作用。人类文化的发展是相当漫长的，从物质文化上升到意识文化更是一个无法估量的历程，但是物质形态的文化却是人类可以并容易掌握的，因此对于建筑文化的发展首先仍是对其物质形态部分的文化进行研究和控制，其后才能引发不同的意识形态文化。

0.2 以技术的角度看建筑文化发展

0.2.1 基本概念

1. 建筑技术

通常技术的定义是："技术是合理、有效活动的总和，是秩序、模式和机制的总和。"[①]这是技术广义的定义。广义的技术指人类改造自然、改造社会和改造人本身的全部活动中，所应用的一切手段和方法的总和，简言之，一切有效用的手段和方法都是技术。而狭义的"技术"定义（据《辞海》第1532页）："①泛指根据生产实践经验和自然科学原理而发展成的各种工艺操作方法和技能。如电工技术、焊接技术、木工技术、激光技术、作物栽培技术、育种技术等。②除操作技能外，广义的讲，还包括相应的生产工具和其他物质设备，以及生产的工艺过程

---

① 陈昌曙. 技术哲学引论［M］. 北京：科学出版社，1999：95.

或作业程序、方法。"

建筑技术是技术系统中相对专业化的一个子系统。建筑技术属狭义的"技术"之列，因其操作的针对性局限于建筑活动之上。建筑技术的定义可以综合广义与狭义的技术概念，把这个定义引申一下：一切有效用的建筑手段和建筑方法都是建筑技术。对于建筑来说，建筑技术存在两种概念：一种概念是"建造科学与技术"（Building Sience and Technology），是一般意义上的建筑技术概念，是工程师使用的技术，包括结构工程师、给排水工程师、暖通工程师等使用的技术；另一种概念是"建筑的技术"（Technology of Architecture），是可以被建筑师在设计中掌控的技术，比如对材料的选择、对工艺的处理、对构造的设计利用等。在此，建筑技术是指后者，强调建筑师可以把握、在设计中可以自主运用的建筑技术。

2. 建筑技术文化

苏联当代著名美学家卡冈（M.C.KaraH）认为文化的类型"……取决于文化同具有什么样的文化基因的主体发生关系。"传统的文化定义来自英国人类学家泰勒（E.B.Tylor）的"文化是人类物质与精神财富的总和"，人类创造的一切有价值的产品都是文化。

文化广泛存在于人类生活的方方面面，是一个社会或群体在历史发展过程中形成的独特生活方式、价值观和行为规范。文化通过影响人们对空间、形式和审美的理解，深刻地作用于建筑的设计和风格。建筑作为文化的载体，体现了社会在不同历史时期的生活方式、价值观念和技术水平。

就建筑本体而言，它是人与自然之间的人造介质。建筑文化应包含建筑本身从物质形态到意识形态的全部现象（在本书中侧重于物质形态文化的分析）。由于建筑正是围绕着建筑技术为主体而发生关系的文化类型，所以本书中强调由建筑技术作用所产生的建筑物质文化，称建筑技术文化。

0.2.2 建筑文化与技术发展的现状问题

建筑文化发展的现状问题是文化趋同与地域性的丧失。建筑文化的趋同现象成为自20世纪90年代后建筑领域关注的一个热门问题。事实上趋同现象并非今天独有，纵观人类社会的文明历史发展，"人类文化的趋同现象有两种类型：一种是文明的黎明时期各民族文化在相互隔绝的情况下所表现出来的趋同性；另一种则是在文化交流和文化传播发生后所产生的趋同性"[①]。在建筑文化的发展历程中两种趋同类型都存在，尤其是

---

① 朱狄. 信仰时代的文明——中西文化趋同与差异［M］. 北京：中国青年出版社，1999.

后一种类型在现今高速信息交流的情况下，建筑文化的趋同更加迅速和普遍。现时代是一个信息爆炸的时代，人类的发明创造和科技进步可以使全球的信息与文明在瞬时间传遍世界的任何一个角落。这样的结果，给世界的文化交流带来了双重的影响：一方面，增进彼此间的了解，使全球共享科技文明成为现实；另一方面，却使更多的地域文明消失殆尽，更多出现的是相同或相近的城市面孔。当你站在东京繁华的都市街头，是否能感受到它与纽约的都市形象有本质的不同？文化趋同的现象已经使越来越多的人丧失了"家"的感觉，从而导致了地域特色的丧失。

趋同的文化现象不禁令我们再次审视建筑的作用：建筑在承担起人类与自然界之间的屏障任务的同时，它还是人类文化的重要组成部分，它同时肩负着表现和传达人类精神文化的任务。而"趋同"使文化趋于单一，使存在空间差异的地区最重要的人类文明成果相近，使人类面临没有归属感的尴尬局面。面对全球化的浪潮，许多建筑师迷失了自己，更令居者找不到自己的归属。许多有识之士早在20世纪90年代初就大声疾呼：不要丧失民族的文化，只有民族的才是世界的。地域性建筑的重要性在几次世界建筑师大会上都得到了重视，由此可见地域性建筑文化的重要。

但是在实际的发展中，表面上看地域性文化越来越受到重视，甚至成为一种时髦。形态符号的简单、直接引用成为当前许多标榜为地域建筑文化持续发展的手段。历史上针对现代主义的单一面孔曾经出现了试图找到突破口的倾向：如从风土性、地域性出发的探索，只是对于地域文化的态度大部分建筑设计停留在简单地直接引用表层形态上，而没有应用现代技术重新解释地域性。

另外，中国建筑业的发展由于自己的实际基础而出现更多的问题。在中国的快速城镇化过程中，大量城市发展项目为了追求速度和规模，采用了标准化、模块化的设计，导致建筑风格趋同，缺乏地域性特色和文化深度。例如，不同城市之间的高层建筑、住宅小区和商业综合体往往相似，地方文化特色被忽视。这种同质化现象削弱了城市的文化多样性，使得很多城市失去了独特的地域魅力，同时也难以为市民提供具有个性化的生活空间。建筑同质化问题使得城市逐渐变得缺乏记忆点，影响了人们对城市的归属感和认同感。还有那些不论什么建筑都把特立独行的形态和创意十足的设计奉为"上宾"的做法也极其普遍。

日本著名民艺理论家、美学家柳宗悦在其《工艺文化》一书中曾对工艺发展所面临的困境提出自己的忧虑，他认为严峻的现实是，当人们在古老传统的、令人陶醉的梦中初醒，正在辩论手工制品之美和机械制品的实惠时，电子时代已经到来。是舍此逐彼，还是并行不悖，令人困惑。这种工艺文化发展的困惑，在建筑文化的发展中又何尝不是如此？所有面对的现实状况给建筑的发展提出了以下问题：

1. 技术在建筑本体中如何发展

建筑技术的发展是否就意味着：建筑越多地使用"高""新"技术，就越是好的建筑？众所周知地球的生态环境日益恶化，在这样的情况下，如果建筑一味地将"舒适"建立在人工技术的掌控之下，而使建筑封闭了与自然的对话、让建筑与其存在的环境脱节，那将是不可取的。所以技术在建筑本体中如何应用、如何让现代"高""新"技术合理地与地域环境对话，是我们应该思考的问题。

2. 技术发展与文化多元是何关系

世界是纷繁多彩的，人们的爱好与需要也是多方面的，建筑文化的存在方式也应该是多元的。多元化的文化发展观给各种声音带来了存在的理由，但是否可以毫无节制地炫耀技术的可能，而无视地域的差异？新技术是否就意味着超越一切？如何看待技术发展与多元文化两者之间的关系？

3. 建筑的内外脱离问题

建筑界早在20世纪70年代就对建筑内部与外部分离的状态进行了批判。名声显赫的荷兰建筑师雷姆·库哈斯（Rem Koolhass）在20世纪70年代出版的著作《错乱的纽约》中就曾对巨大尺度的现代建筑表示过忧虑："……在巨大的建筑中由于有了点与点之间起连接作用的电梯等移动机械，以往的建筑构成、细部处理等都失去了它存在的意义。由于建筑物过大，其外观立面设计几乎与内部没有关系。这种内部与外部的分离状态，使得本来由实实在在的建筑集合体组成的城市逐渐成了不确切的东西。建筑物只是变得越来越巨大，变得几乎难以判断它的好坏。总之，对巨大化了的建筑用以往的'建筑'概念已经无法去认知，变得什么都不是了"①。当前中国建筑界存在这样的现象：对建筑表面形式的追求高于对技术合理性的追求，不顾功能和技术的合理性、单纯追求表面形式的现象屡见不鲜。不是就出现了几处"恶俗"建筑的旅馆、城市标志物吗？

4. 追求多元、地域文化发展的非本质手段

表面形态的简单、直接引用成为当前许多标榜为地域建筑文化持续发展的手段。现代主义建筑的发展在否定过去建筑的过程中，同时也将其原有的丰富精神的一面同形式一起排除掉了。针对现代主义的单一方

---

① 安藤忠雄. 安藤忠雄论建筑［M］. 白林，译. 北京：中国建筑工业出版社，2003：27.

盒子面孔曾经出现几种追求多元地域文化探索的倾向：如从风土性、地域性出发的探索，"表现地域主义的大多数作品也只是停留在表层形态的引用上"①。对于地域文化的态度大部分建筑设计停留在简单地直接引用上，而没有应用现代技术重新解释地域性。"地域批判主义"②就曾提到：不是将地域性无批判地直接引入形态，而是在现代主义的实践中重新解释地域性。

0.2.3 建筑技术与文化研究的发展演变

1. "建筑文化"研究概况

20世纪80年代末出现的研究偏重于建筑意识形态方面，将建筑作为一种文化现象来看待。建筑文化这个词在中国被正式地提出是在20世纪80年代，在民间自组织的不定期举行的"建筑与文化"研讨会上提出的。而1996年在陈凯峰的《建筑文化学》中更把建筑文化辟为一门专门学科，为了明确建筑文化的研究对象是独立的，把建筑文化定义在"有关人类对建筑方面的思想意识观念"③上。

20世纪80年代后期开始明确以"文化"的概念对建筑进行研究。对于建筑文化的概念，高介华先生曾指出："建筑文化即人类社会历史实践过程中所创造的建筑物质财富和建筑精神财富的总和，是人类文明活动的一种历史沉淀。""建筑文化的研究在于建筑的文化传统、文化性质及其体现的文化精神"④。建筑与文化作为一个明确的命题提出，是在1989年开始召开"建筑与文化学术讨论会"，随后在第二、三次讨论会上，明确提出了建筑文化学、建筑思想史等新学科的创建问题。在中国改革开放以后，20世纪80年代末开始出现了不少与"建筑文化"主题相关的论著或译著。如：1987年顾孟潮、王明贤、李雄飞主编《当代建筑文化与美学》；1989年9月始，汪坦先生主编的《建筑理论译丛》（13本）陆续出版；1990年洪铁成主编《建筑文化思潮》（论文集）；1991年程建军著《中国古代建筑与周易哲学》；1991年邓焱著《建筑艺术论》；1991年汪正章著《建筑美学》；1993年高亦兰主编《建筑形态与文化研

---

① 安藤忠雄. 安藤忠雄论建筑［M］. 白林，译. 北京：中国建筑工业出版社，2003：18.
② 地域主义批判一词本身是亚历克斯·楚尼斯和利利亚那·勒费夫尔在论文《格子和通道》（1981年）中创造的用语，之后肯尼思·弗兰姆普敦将其引入自己的理论文脉。安藤忠雄. 安藤忠雄论建筑［M］. 白林，译. 北京：中国建筑工业出版社，2003：35-37.
③ 陈凯峰. 建筑文化学［M］. 上海：同济大学出版社，1996：25.
④ 高介华. 建筑与文化论集 第6卷［M］//关于建筑文化学的研究. 武汉：湖北科学技术出版社，2002：79.

讨会论文集》；1993年曹庆涵著《建筑十论》；1993年陈辽、王臻中主编《中国当代美学思想概观》；1993年高介华、郑振、张光辉主编"全国第二次建筑与文化学术讨论会"入选论文——《建筑与文化论集》（第二卷）；1995年陈万里、朱琦编著《易经的建筑启示》；1996年高介华、郑振、张光辉主编"全国第三次建筑与文化学术讨论会"入选论文——《建筑与文化论集》（第三卷）；[①]1997年侯幼彬著《中国建筑美学》；1998年王贵祥著《东西方的建筑空间——文化空间图式及历史建筑空间论》等。进入21世纪后相继出版的有高介华主编的《建筑与文化论集》（第五卷到第九卷（2002~2008）），戴志中、杨宇振著的《中国西南地域建筑文化》（2008），杨昌鸣著的《东南亚与中国西南少数民族建筑文化探析》（2004），张俊峰著的《东北建筑文化》（2018），王金平等著的《晋系传统民居营造技艺》（2021）等。

2. 建筑文化研究角度差异

从对建筑本体的研究逐步发展到对建筑思想、建筑美学、建筑哲学等意识形态建筑文化的研究。纵观传统建筑学对建筑的研究，主要集中在建筑的功能、空间、形态、类型等方面。在20世纪90年代后期中，国内许多建筑界的学者都试图从不同的角度来探讨建筑文化的生成原因。如1997年侯幼彬的《中国建筑美学》从美学角度考察中国传统建筑的研究，1998年王贵祥的《东西方的建筑空间——文化空间图式及历史建筑空间论》从文化空间角度分析东西方建筑空间图式，潘安的《客家民系与客家聚居建筑》从民系角度分析客家传统建筑……还有从原始生殖崇拜角度探讨的学者王鲁民先生、从象征意义角度探讨的学者居阅时先生等。

3. 建筑技术的研究与技术角度研究建筑文化

对于建筑技术的研究在中国自古有之，主要偏重于营造方法。中国有关技术的历史书籍中，从最早的春秋时期《考工记》（春秋时期齐国工艺官书）、五代时期《木经》（五代末北宋初喻浩撰写）、北宋的《营造法式》（北宋李诫编修）、明朝的《园冶》（明朝计成著），到中华人民共和国成立后的《营造法原》（姚承祖原著、张志刚增编、刘敦桢校阅），以致后来中国近现代的研究成果中，这些著作都偏重于技术的营造方法，比如1985年中国科学院自然科学史研究所主编的《中国古代建筑技术史》、1987出版刘致平编著的《中国建筑类型及结构》。

中国建筑考古学家杨鸿勋曾在1980年列出"巢居发展序列"及"穴

---

① 高介华. 关于"建筑与文化"研究方向的浅见［J］. 华中建筑，1997，22.

居发展序列"，那是最早的从技术角度论述原始建筑发展形态演化的研究。当然在各种关于民居建筑或中国传统建筑研究的论著中大都含有部分对传统技术的论述，但一般不作为主线来研究建筑文化。直至进入21世纪由于技术迅猛发展带来的双面效应，引起专家学者的思考。对于建筑技术对建筑文化的影响，尤其是"绿色技术"对建筑文化的作用倍受关注，同时对技术带来的副作用心存担忧。秦佑国先生就曾在2001年中国建筑学会年会上提出了建造工艺对建筑文化发展的重要作用，首先呼吁建筑设计者关注建筑工艺水平的提高，提醒建筑师们不要只注重表相的"高技"，而忽略了如何将高技术完美表达的"技艺"。2004年张十庆著的《中国古代建筑大木技术的源流与变迁》深入分析了中国古代建筑技术的发展及其在建筑文化上的反映。

建筑本是一个复杂的系统，总体考察发现以往的理论研究对于技术与建筑文化的关系问题分析比较弱化、分散或不成系统。研究建筑技术的论著很多，但是以技术为主线贯穿地研究建筑文化现象的各个层面，即从技术的角度系统地研究建筑文化而非阶段性或区域性文化现象，在中国仍然是一个缺项。

纵览这些研究会发现，建筑技术与建筑文化之间，往往建筑技术只是被用来作为研究的辅助要素。就如英国的罗纳德·威廉·布尔斯基（R.W. Brunskill）在其所著的《乡土建筑图示手册》一书中，根据乡土建筑的各种结构及材料做出区划图来表现英国乡土建筑的分布状态，将技术作为划分区划的依据，而并没有作为研究建筑文化的主线贯穿始终。

在西方，《建筑十书》是现存最古老且最有影响的建筑学专著，也是最早针对建筑技术对建筑文化影响做出阐述的论著。其中已经涉及建筑环境控制、建筑材料的研究。在第六书中，维特鲁威对气候、朝向等问题都进行了阐述。1981年中国建筑工业出版社出版了皮埃尔·奈尔维（Pier Luigi Nervi）的论著《建筑的艺术与技术》，直接提出了建筑艺术与技术的相关性。

西方建筑界在20世纪90年代初期出现较明确的从技术角度研究建筑文化的论著，开始研究技术与建筑之间的相互作用。比如1992年，由塞西尔·埃利奥特（Cecil D. Elliott）编写、麻省理工出版社（The MIT Press）出版的《技术与建筑：建筑材料与系统的发展》（*Technics and Architecture: The Development of Materials and Systems for Building*）一书，作者就已经从建筑形式的技术——一个常被忽视的现象来重读建筑历史。其次，比较有影响力的应当是当代建筑理论家肯尼思·弗兰普顿

（Kenneth Frampton）于1996年出版的《建构文化研究》（*Studies in Tectonic Culture*）一书，该书改变了以往的观点，他研究了如何理解建筑师在设计过程中的途径和方法、形式与构造之间的关联性，这种关联性不是简单地接受纯粹的构造决定论，而是帮助我们掌握除此以外的技术探索。作者努力证实建筑的艺术是如何在持续的形式创造中得到表现。他反对将目光停留在艺术的局限上，而推崇构造工艺的作用，尤其是建筑材料、构造的工艺作为建筑艺术的核心。此书从技术的角度，历史性地研究建筑文化发展的真实内在依据，以几位著名建筑大师对建筑技术的熟练把握为例，说明他们在个性建筑文化魅力的创造中如何巧妙地利用技术。同时运用了人类学的方法对在人类历史文化发展中对建造技术产生影响的相关文化进行链接，以此证明建筑文化风格的使然来自于技术最原始的目的和解决方式。这本书整体围绕着建筑技术展开探讨，但对于技术系统中要素的分类及作用，以及技术对于地域范围内的多元发展的作用没有深入探讨。随后，2001年7月，彼得·弗雷德里克·史密斯（Peter F. Smith）和彼得·史密斯（Peter Smith）的《应对气候变化的建筑学》（*Architecture in a Climate of Change*）出版，从可持续理念的角度探索建筑的变迁，尤其由于人类技术的使用造成的气候改变，建筑在其中扮演了重要的角色，成为造成气候灾难的主要因素。作者提出建筑为居者提供最佳环境的同时，对土地、能源以最低的索取。2004年小松英子、雅典娜·斯汀、比尔·斯汀（Eiko Komatsu，Athena Steen，Bill Steen）的《用双手建造：世界乡土建筑》（*Built by Hand: Vernacular Buildings Around the World*）出版，突出分析了建设过程中建造者的作用。

这些论著都从技术系统的某一个角度对技术与文化之间的相关性进行了论述。但是，以建筑技术为主线，系统地研究建筑文化发展规律仍然是一个缺项。尤其是建筑技术对地域文化信息的承载，以及技术对文化多元发展及其规律性没有系统的研究论著。

4. 建筑文化研究方法的变迁

研究建筑文化所采用的方法随着时代的推进在不断更新。以往的建筑研究在方法上基本采用诸如归纳、案例、调查、图片等。如在民居建筑文化研究中，随着研究不断深入，逐渐暴露出许多无法解释的问题，于是又有学者从人文方面去研究民居。从居住者入手，研究他们的生活方式和生产方式，以此力图解释民居文化这一复杂的建筑现象。随后又采用了一些其他学科的研究方法，如文化人类学方法、地理学方法、历史学方法等。研究方法开始从建筑学向其他相关学科发展。

20世纪80年代末、90年代初，一些西方学者对中国民居进行研究并出版了成果。他们对中国民居的研究借用了许多跨学科的研究方法，比如地理学、人类学及历史学等。如那仲良（Ronald Knapp）主持的早期实地研究工作，在1986年出版了相关论著，他编著的《中国景观：作为场所的乡村》（*Chinese Landscape: The Village as Place*），辑录了24位来自不同学科学者的文章。他们的学科包括地理、建筑、人类及历史学。这些学者运用本学科的研究方法，对中国村落的形成过程及聚落形态进行了研究。这些研究表明他们试图从不同的角度来探讨建筑文化的问题。还有罗克珊娜·沃特森（Roxana Waterson）编著的《活屋：东南亚建筑的人类学研究》（*The Living House: An Anthropology of Architecture in South-East Asia*），尝试以人类学方法，通过研究聚落形态、民居形式、空间装饰，来探讨人对建筑形式的观点、营建技术与象征意义、宇宙观、民族结构等课题。

0.2.4　关于建筑技术文化的讨论

本书深入探讨了建筑文化与建筑技术的多层次关系。在传统的研究方法基础上，还借鉴了其他学科的研究理论成果。过去的建筑文化研究方法有：现象学方法、历史学方法、比较法、文献法、案例法、测绘法，以及社会学、符号学、现象学、心理学等方法。本研究在部分继承传统研究方法的基础上，选择结构主义哲学、系统论、语言学及医学遗传学方法，以一种结构为主体的分析方法，让技术与文化之间的脉络更加清晰。同时将建筑技术看作一个完整的系统，系统中各要素都有自己的位置与价值，缺一不可，并且技术系统中的各要素之间相互联系、相互匹配且不可分割。语言学则对于建筑技术文化发展中的现象及规律，可以进行很好地剖析。医学遗传学的方法让地域建筑文化多元发展的途径更加明朗化。通过借鉴多学科理论，力求对建筑技术文化的研究进行全面且系统地分析。主要包括以下三个方面：

①建筑文化与建筑技术之间的关系研究包括：建筑技术影响下的建筑文化类型；建筑技术系统的要素类型；建筑技术要素与建筑技术文化各类型之间的关系研究；建筑技术文化发展中的各种现象及规律与建筑技术的关系。

②地域建筑技术文化与地域建筑技术之间关系的研究包括：地域建筑技术文化的基因定位；地域建筑技术对地域建筑技术文化特征的影响；地域建筑技术基因的传递方式与途径。

③地域建筑文化的多元与建筑技术关系的研究包括：技术的本质特性与建筑文化状态、技术系统的复杂性与文化多元、地域性建筑文化发展中技术基因传递的累加效应分析等。

0.3 建筑技术文化研究的价值

技术的发展是社会进步的表现，它在建筑的发展过程中起着举足轻重的作用。技术虽然是促动建筑发展的积极动力，但有时也会产生相反的作用。我们看到近两百年来建筑的变化是翻天覆地的，"它创造了完全不同于埃及金字塔、罗马水道桥和哥特式教堂的奇迹"①。特别是产业革命，它带来了生产技术的根本变化，新材料、新技术的应运而生，给建筑业带来了无限的生机。这是在20世纪20年代、30年代新建筑运动能够走向高潮的主要原因。但是，发展至今，一方面技术给建筑的发展带来了新鲜要素和新的发展可能；另一方面也使得建筑师忙于适应多变的机遇。两种速度的不平衡是技术带来负面结果的原因——"技术的建设力量和破坏力量在同时增加"②。这说明技术在飞速发展的阶段，建筑对它的"合理"反应与适应还没有达到其应有的水平，这一时期建筑文化发展会产生一些误区，当然这与人们主观意识的提高是密切相关的。

技术在建筑文化发展中的特殊地位，使得建筑文化的趋同与多元发展备受影响，技术系统中各要素对建筑文化的发展产生了怎样的作用？在寻求地域文化发展的过程中如何把握和发挥技术的力量是笔者在研究中欲寻找的答案。因此笔者希望从技术的角度审视建筑文化的生成及发展规律，试图从建筑技术对建筑文化的支撑以及各种影响的分析中，探讨建筑文化形态的产生、发展与存在规律的内在原因，以期为现代建筑文化在发展过程中所遇到的问题以及地域建筑文化的发展途径找到答案。

目的一：选择技术视角系统地探讨地域建筑文化。

建筑文化的探讨从20世纪80年代已经在中国展开，但多数对建筑文化的探讨限于对中国传统建筑思想、理念、审美等意识形态的研究，对于真正令大众所感受、感动的空间形态文化的研究还是停留在过去传统的研究方式上，如平面图、立面图、剖面图的分析，构造的描述等，没

---

① 马克思恩格斯选集（第一卷）［M］. 北京：人民出版社，1972.
② 吴良镛，北京宪章（稿），面向21世纪的建筑学，北京宪章·分题报告·部分论文，国际建筑师协会第20届世界建筑师大会，北京1999.

有从技术的角度系统地分析建筑文化的形成与规律。本书试图从技术的角度系统地分析地域建筑文化的发展。因为研究精神文化的延续必然要研究承载它的具体物质本体，这些物质的形态通过何种方式延续了传统文化的精神是笔者欲寻找的答案。

目的二：确定对于建筑文化生成的主要影响因素。

对建筑文化的形成产生影响的因素很多，但是影响度却各有轻重，主要影响因素对于地域建筑文化的发展至关重要。文化是人类在适应自然、改造自然、征服自然的过程中产生的，凝聚了人类的智慧与审美，关系到方方面面，包括：自然资源、环境气候、经济状况、技术水平、伦理宗法礼制、风俗习惯、生产方式、生活方式、审美情趣等。诸多的影响因素中，哪些是起决定性作用的呢？这是笔者所要思考和探寻的。

目的三：为地域建筑文化多元发展找寻可行之道。

如何为地域建筑文化的发展探索可行之路是很多学者们努力研究的问题。在此要选择与建筑的存在最直接、最敏感的技术因素作为主线来研究，探讨建筑技术与建筑文化之间的关系。从技术的角度对建筑这一复杂的综合体进行系统分析研究，以期能够更加清晰地解析建筑文化、探索生成成因、找寻发展规律，从而理性地面对和判断纷繁变化的建筑文化发展状态，为地域文化的延续和继承起到启示的作用。

目的四：探讨技术对于文化的真实意义。

建筑是"造物"过程的结果，有了这个"造物"的过程，才会产生"形而下"的形态，以及负载"形而上"的精神。研究建筑定要首先注重它的"物"性，而非抽象的理论与思想。"物"性的由来都有必然的因果。研究的宗旨就在于揭示建筑"物"性的由来及规律，展现其与地域文化之间的关系，探究技术在全球化背景中对建筑文化发展的真实意义。在关于建筑的地域性发展问题上，笔者无意于制造麻烦和增添界说，只想从略有差别的角度对有公认的观点作些商榷，对老问题提出补充性看法。

本书的宗旨在于揭示建筑"物"性的由来及规律，揭示建筑文化与建筑技术之间的内在联系，展现地域建筑技术与地域建筑文化之间的内在关联性，证明两者之间"相随心生"的逻辑关系；并且对建筑技术的本质特性对于建筑文化地域性多元的影响，以及技术在全球化背景中对建筑文化多元发展的真实意义进行分析，揭示建筑文化本质的内在逻辑性。

本书不仅仅局限于理论探讨，更关注这些关系对实际建筑创作的指导意义，特别是在设计具有民族文化特色的地域建筑时。这种研究可以为设计师们提供一种视角和方法，使他们在建筑创作中更好地理解和应用技术与文化的关系，从而创作出既符合现代需求，又保留文化特色和地域性风格的建筑作品。通过揭示建筑文化的内在逻辑性，本书希望能够为当代建筑实践提供理论支持和灵感，推动建筑在技术与文化相结合的过程中实现新的突破。

在我们高呼发展地域文化时，正是在建筑材料、技术高速发展的时代。建筑科学在其理论与技术日臻完善的同时，也渐渐出现一些负面的东西。全球化的风暴席卷了世界的各个领域，技术的发展使建筑师的设计空间越发广阔，也使相同形式的建筑可以出现在世界任何一个角落，令许多建筑学者惊呼：文化失落！于是有很多学者呼吁发展多元的建筑文化，即不要一种跨国家、跨地区、跨文化的"国际式"建筑文化。我们不要那种"漫不经心地重复（mindlessly repeated）现存建筑的做法"。这是所有关心建筑发展的人的想法，从建筑师的角度，就要找到这种问题的症结所在。虽然技术在此中的作用不可忽视，但不意味着技术发展就必然导致趋同，如何正确把握、平衡技术的作用应该是把握文化发展趋势的关键。

随着社会发展，技术进步飞速，技术的活跃程度超过以往任何一个时代。技术成为最大的焦点，同时也成为左右建筑文化发展之关键。但是在此更要提出一个问题：对于建筑文化趋同现象的看法，人们是不是在用放大镜观察技术导致的趋同结果而忽视了多元的另一面？

促进地域建筑文化的发展成为遏制建筑文化趋同的必要手段，地域建筑文化的延续是保持文化多样性的首要选择。多元的文化不应是简单的"多元"，而应是"地域性"的多元。没有地域性的多元是无序而杂乱无章的，并且是不可持续的。地域建筑文化的延续方法一直是建筑设计者探讨的问题，当然不能拷贝历史，那样是不科学的举措；也不能简单地复制历史的一部分，那样是消极的做法。

那么对于建筑技术的突飞猛进式发展，地域文化应该何去何从？是否利用现代技术就意味着失去地域性？如何利用现代技术的手段来促进地域建筑文化的发展令人深思。笔者认为，技术对于建筑文化的发展至关重要，但不能一味地迎合"新技术"，而彻底抛弃历史的传统地方技术。新技术对于建筑地域文化的发展应该是起促进作用的，如何利用和把握新技术在建筑构筑中的地位和作用，让新技术重新诠释地域性，融合传统的地域技术，是"新技术"下的地域文化发展之关键。

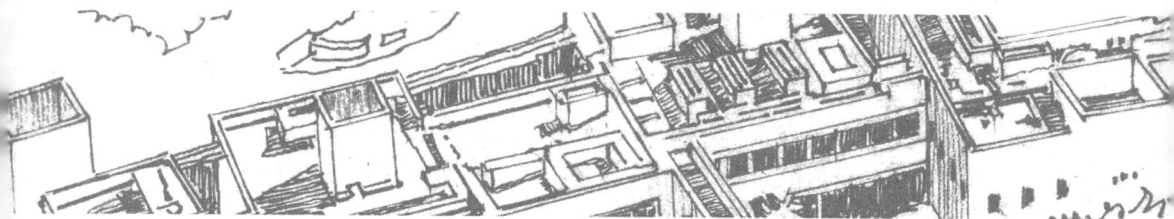

上篇

"同生共进":
建筑文化与建筑技术

"技术扎根于过去，主宰着现在，伸向未来……

当技术实现了它的真正使命，

它就升华为建筑艺术。

建筑依赖于自己的时代，

它是时代内在结构的结晶，

显示出时代的面貌，

这就是技术与建筑紧密结合的原因。"

——密斯·凡·德·罗（Mies van der Rohe）在1950年于美国伊利诺州工
学院设计院成立大会上发表的演讲词：《建筑与技术》。

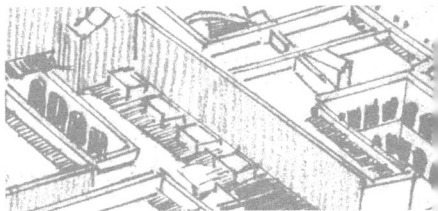

1　建筑技术对建筑文化的作用

首先，从最开始的概念讲技术不是单纯的劳动指向："从起源上看，技术与人性是整个地联系在一起的。原始技术是生活指向的（life centered），不是狭隘的劳动指向的……"[①]技术与文化并生是在人类初始使用技术的时刻开始的。其次，由于建筑与技术的特殊紧密关系，决定了建筑与其他艺术之间的根本不同。"建筑现象具有两种意义：一方面，是由服从于客观要求的物理结构所构成；另一方面，又具有旨在产生某种主观性质的感情的美学意义——建筑现象的这种两重性使建筑处于一个完全不同于其他艺术的领域。因为在其他艺术中，制约艺术创作的技术手段都不会像建筑一样具有如此决定性的意义。"[②]在建筑历史长河中，古希腊人在石造建筑上的创造和古罗马人用砖和混凝土所进行的营造，以及中世纪教堂的修建……这些能够标榜一个时代的文化代表都是工程技术大胆运用的成果。

1.1 技术与文化"同生共进"

1.1.1 建筑文化历史证明技术与文化"同生共进"

建筑文化发展历史体现了技术与文化的密切相关性。中国传统木构架建筑就是一个很好的例子。中国封建社会的建筑是以木材作为主要的建筑材料，以木构架建筑为主。而这独具风格和特色的文化形态的基础源于中国精妙的木构造技术：榫卯技术。

榫卯技术由来已久，中国最早的木构榫卯遗存被发现于距今7000多年的河姆渡文化遗址中（图1-1），其后有史可查的可追溯到战国时期（图1-2）。由于榫卯技术的不断成熟和发展，使得中国的木构架建筑成为世界建筑之林中的瑰宝；而榫卯技术更成为中国木构架建筑的精华、典范，是中国古建筑文化的神韵所在。其中在建筑中最能体现这种技术的外露构件——斗拱，则成为中国古建筑文化的象征，甚而发展为中国特色建筑的代码。这说明技术与文化是"共生"的。

在西方，古希腊人在使用"技术"一词时并不区分工业生产与艺术。事实上，"在人类大部分历史上，人类活动的这两个方面是不分离的，一个关心客观条件与功能，另一个响应主观需要，表达共享的感觉与意

---

① 高亮华. 人文视野中的技术［M］. 北京：中国社会科学出版社，1996：50.
② 奈尔维. 建筑的艺术与技术［M］. 黄运升，译. 周卜颐，校. 北京：中国建筑工业出版社，1981：1.

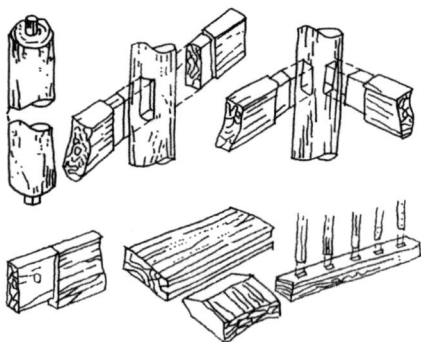

图1-1　河姆渡文化遗址中木构榫卯

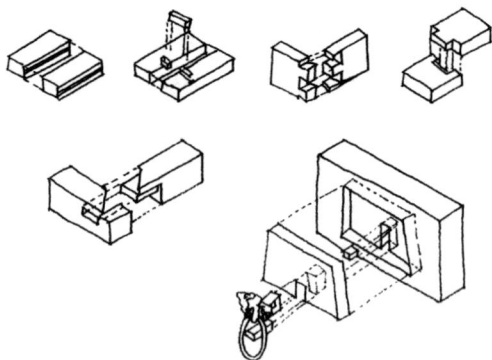

图1-2　战国时期木结构榫卯

义"①。艺术是给人以精神享受的文化，这说明技术在发展过程中始终与人类的意识形态文化保持着相互的协调共生，相互融合，无法分离。

建筑文化在发展中出现的各种现象与技术发展状态同步。比如西方建筑发展到19世纪初期出现了一股对古希腊、托斯卡纳风格的热潮，这一时期，建筑材料及建筑结构方面发展相对缓慢。因为新型材料诸如钢铁的使用还是在19世纪中期以后，在此之前，建筑材料基本停留在原来的石材、木材等传统材料上。在这种情况下，风格的演变多在构件的组合方式与装饰手法上。所以建筑文化发展的状态反映了技术发展的水平。

历史上具有划时代意义的建筑都与技术的进步密不可分。"水晶宫"出现于1851年英国伦敦的世界博览会上。不能忽视，英国是最早通过资产阶级革命进入资本主义社会的国家，蒸汽机的发明就产生于此。现代建筑的出现与工业革命具有不解之缘，正是因为工业革命在18世纪中叶的英国开始发展，通过新的机器的发明，特别是以蒸汽机作为动力机被广泛使用从而推动的产业革命，直接影响了城市规划和建筑的改变。19世纪末的埃菲尔铁塔和20世纪的"摩天楼"，都与技术的进步有着不可分割的内在联系。

1.1.2　人类学中技术为文化发展的标尺

建筑的发展是受技术制约的，而文化之于技术又是怎样的关系？人类学家莱斯利·A·怀特（Leslie·A. White）说："文化的目的就是满

---

① 高亮华. 人文视野中的技术［M］. 北京：中国社会科学出版社，1996：49.

足人的需要。"在《文化的进化》一书中，怀特开门见山明确提出了自己的见解："文化的功能与用途是保障人类生活的安定与种族的延续。"从特殊的意义上讲，文化的功能一方面是联系人与环境，另一方面是联系人与人。这是在广义地谈文化，其中也包括技术。"人通过工具、技术、观念和信仰把自己与所处的生境①（habitat）联系起来。工具用来开发自然资源，服装与房屋提供了对自然因素影响的防范措施。"②文化的功能是保障人类的安定，用途是保障人类种族的延续，而技术的功能也同样是为了人类的发展和延续，这与文化的本质意义是相同的。技术在实施的过程与结果中，同时伴随文化的产生。因此技术可以作为文化发展的标尺，于是，文化人类学家用技术来划分人类文化的发展阶段。

人类文化的历史曾经用古代技术的工具来分类，如：石器时代、青铜时代、铁器时代。美国人类学家路易斯·亨利·摩尔根（Lewis Henry Morgan）在《古代社会》一书中，以技术为标志划分人类文化分期。他说：顺序相承的各种生存技术每隔一段长时间就出现一次革新，它们对人类的生活状况必然产生很大的影响，因此以这些生存技术作为人类文化分期的基础也许最能使我们满意。我们且看对人类文化的分期标准：

低级蒙昧社会：始于人类的幼稚时期，终于下一期的开始。

中级蒙昧社会：始于鱼类食物和用火知识的获得，终于下一期的开始。

高级蒙昧社会：始于弓箭的发明，终于下一期的开始。

低级野蛮社会：始于制陶术的发明，终于下一期的开始。

中级野蛮社会：东半球始于动物的饲养，西半球始于用灌溉农业以及使用土坯和石头来建筑房屋，终于下一期的开始。

高级野蛮社会：始于冶铁术的发明和铁器的使用，终于下一期的开始。

文明社会：始于标音字母的发明和文字的使用，直至今天。③

每一个时代都有其相对应的技术，从这一点上看，技术原本就是与文化"共进"的。

1.1.3 "技"与"艺"概念的相通性

首先文化与技术是不可分的。常识中人类的艺能分为三大类：一是时间的艺术，二是时空的艺术，三是空间的艺术。空间的艺术指依存于

---

① 指生物赖以生存的自然环境。

② 张猛，顾昕，张继宗. 人的创世纪［M］. 成都：四川人民出版社，1987：253.

③ 庄锡昌，顾晓鸣，顾云深. 多维视野中的文化理论［M］. 杭州：浙江人民出版社，1987：163.

空间而产生的艺术，是有形的世界。因此人们把这个领域称为"造型艺术"（Formative Art）。通常建筑被划分在此类艺术中，与绘画、雕刻、工艺并存。建筑与工艺并列为空间的艺术，可见它们有共同之处，那就是"技"。建筑最显著的特点，是建筑本身即造型艺术的综合体，它可以把绘画、雕刻及工艺结合在一体，其中都离不开"技"的内在支持。

之所以把建筑与工艺并论，原因在于它们存在共同的内在支持——技术。在谈及工艺时，西方历史上工艺（Craft）与美术（Art）两者并没有截然的区别，都共同有着"技"之意。因此，在英语的古语中，画匠（Artsman）与手工艺人（Craftsman）的意思是完全相同的，都是"匠人"的意思，而且，Artsman一词直到16世纪才产生，而Workman也是"工作手"或"匠人"之意。现在惯用的艺术家（Artist）在16、17世纪都很少用，而多用技工（Artificer）一词。这两个词与手工艺人（Craftsman）同义，都是"怀技之人"的意思。这充分说明艺术与技术在很早的创作中，就是共荣共生的。再看中国古代，在古汉语中"技"除有时表示某种艺术（如歌舞），主要是泛指才能、本领。如"凡执技从事上者，祝、史、射、御、医、卜及百官"（《礼记》）。说明中国自古对"技"与"艺"就是同等看待的。如此看来，"技"与"艺"被同等看待自古有之，可见其不可分，而"艺"乃精神文化之一部分，故曰，技术与文化不可分是来之有据的。而"艺"与"技"的不可分则成为建筑文化生成的基础。

其次，在技术的定义里同样"技"与"艺"紧密难分。技术是一个怎样的概念？贝尔纳·斯蒂格勒（Bernard Stiegler）在他的《技术与时间：爱比米修斯的过失》一书中说，"技术就是以生命以外的手段延长生命。"①这说明技术是人类生存的手段和方法，是人类在达成与自然界平衡的必行通道。技术的目的是服务于人类，故它的一切过程、手段都会被赋予人类的思想，技术是一个时刻不能脱离开人类的概念。在英汉辞典中，有多个词可以表示或译为技术，如：art、skill、technique和technology。前两者主要指技艺、技能，后两者与汉语的技术相当（汉语中"技术"一词由谁首先译来和使用有待考证）。

"技"与"艺"的相关性是非常紧密的。在古汉语中最接近生产技术概念的词是"工"和"巧"。"工"除了指工具、官名，还指加工制作技术，如"发调工巧，造作器物"（《宋书》）；"天工开物"等。"巧"

---

① 舍普. 技术帝国［M］. 刘莉，译. 上海：生活·读书·新知三联书店，1999：150.

泛指灵敏、技巧，如巧工、巧匠。古人还认为技巧离不开工具，"无弓矢则无见其巧"（《荀子》）。古汉语中的"技"和"术"的概念也与现在不尽相同。如前文所述："技"除了有时表示某种艺术（如歌舞）外，主要是指才能、本领。如"凡执技从事上者，祝、史、射、御、医、卜及百官"（《礼记》）。"术"的意思就更广泛了，凡是能用于达到目的的方法均可称之为术，"夫圣贤之治世也，得其术则成功，失其术则事废"（《论衡》）。方法、手段、策略、方术、计谋、权术都是"术"。由此看来，中国古代"技"表示艺术，有"艺"之道者为"技"；"术"可指代现代"技术"之意，是达到目的的方法、手段、策略。若按中国古汉语之推断，"技术"应是含"艺"在身的。如此看来，现用"技术"一词已经远非中国古汉语之本意了，究其根本，是将其中之"艺"丢弃了。

1.1.4 建筑技术依附于建筑文化而存在

建筑技术只有在构筑建筑的过程中才能实现自身的价值，并在结果上体现自身。因此建筑技术依附于建筑文化而存在，建筑文化依靠建筑技术来支撑，二者密不可分。这一点同样使建筑技术与建筑文化"同生共进"。

技术本身蕴含了"狭义"的文化。设在巴黎国立工艺博物馆中的技术博物馆或者说工艺博物馆以它特有的方式证明了这一点。它200多年来始终如一地传播技术文化，把展示自15世纪以来机械发展轨迹的收藏品作为自己的基础，展示着技术成果、技术的发展轨迹，同时展示的是时代的文化。

在建筑技术中的文化表现虽不像巴黎国立工艺博物馆中那些机械成果看来那么直接，但同样展现了建筑技术的发展轨迹，体现时代特征。与机械装置不同的是，建筑技术是要依附于建筑这一特定的产物来体现其时代特征的。如建筑材料的变化：石头作为大自然的产物它们在人类产生以前就已经存在于地球上了，从人类建造第一所构筑物到今天，石头都可以作为一种建筑材料，并且一直沿用至今。但是只有看到它在建筑上的使用方式以及工艺程度才能够判断其所代表的时代，以及技术的发展阶段（图1-3），如：它是做简单的围护构件、装饰构件还是承重构件；是简单地开凿、精致地磨砺还是用心地雕琢？每种状态都叙述了一种特定的时代文化。所以说建筑技术文化具有强烈的依附性，它的存在是依赖于建筑本体的存在，它的发展同样依附于建筑来体现。

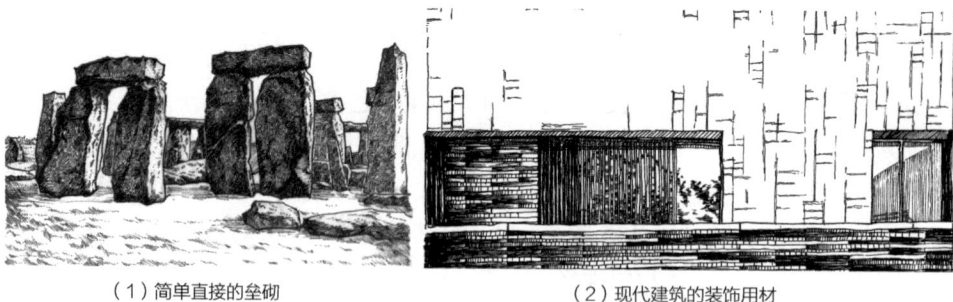

（1）简单直接的垒砌　　　　　　　　　　（2）现代建筑的装饰用材

图1-3　石材的使用发展

1.2　技术是建筑文化发展的基石

技术的发展在建筑文化的形态发展、审美取向等方面都存在很大的影响。对于文化形态的形成来说，技术是文化的基础、实现的手段和方法，技术具有明确的目的性。对于建筑文化来说，建筑技术是其得以实现的基本前提，同时成为建筑形态文化的生成骨架和发展动力。

1.2.1　建筑技术是建筑文化的支撑骨架

首先，建筑的一切文化都需要落脚在建筑本体的空间形态上，而建筑的物质空间形态的存在基础就是技术骨架。建筑文化需要通过技术手段来完成。建筑既是我们维持生命所必需的实用品，也是具有"非功利性"的艺术品。建筑要用实实在在的物质去隔离、包围特定的空间，以达到实用的目的。把特定的空间隔离和包围在特设的界面中，是建筑师面临的第一个问题。这种"实在"的首要问题的解决，依靠的正是技术体系的支撑，其次才是建筑"非功利"方面的考虑。所以说技术是建筑文化的支撑骨架，没有技术的实实在在的物质构筑，就没有最终的建筑空间形态，就没有意识形态文化的依附体。

其次，建筑文化的各层次多始于技术的初始目的：例如，建筑空间形态文化就是技术在解决自身的材料、结构之间的匹配关系之后"自然"生成的。建筑历史上典型的例子：哥特式高耸教堂建筑正是建筑骨架真实展现的结果，所有受力构件都成为建筑形态文化的一个组成部分，富于逻辑性，合理的结构关系成为建筑特色文化的象征，那些升腾欲飞的形态正是飞扶壁与尖拱券"合作"的产物。中国古代木构建筑优美、飘逸的大屋顶，那美丽曲线的存在正是依靠层层出挑的承重构件"斗拱"。而斗拱这一特殊构件，又是由传统榫卯技术所组织的集合体。它存在三方面的文化内涵：第一，从受力构件转化为装饰构件；第二，显示了封建社会的等级制度；第三，斗拱成为中国古代建筑的比例尺度衡量标准。其中，特别是斗拱作为中国古代建筑的尺度标准成为工匠的营造规则，体现了技术对于建筑空间形态文化的控制。根据《清式营造则例》上的规定，斗口尺寸的意义十分重大，斗拱上"升""斗""拱""翘"各个分件的长短高厚和斗口有直接比例关系，且斗口差不多和所有大木构件都有直接关系，"凡檐柱以斗口七十分定高……凡小额枋……以斗口四分定高……"这说明斗拱的技术内涵已经从一个"点"的受力构件扩展为整个建筑空间形体比例尺度的重要衡量单位，成为决定建筑空间形态文化的关键。

再次，建筑文化的发展依赖于技术的进步。建筑形态由简单向复杂发展，建筑高度由低向高发展，建筑空间由狭小向大跨度发展。结构技术的进步可以让相同材料塑造不一样的空间、不一样的跨度、不一样的高度。石材作为一种古老而传统的建筑材料，在过梁（lintel）（图1-4）或枕梁拱（Corbel-arch）（图1-5）的应用中展示了不同的建筑技术手段：很明显如果梁的支撑体是坚硬不易弯曲的情况下保持稳定，长过梁会在三个位置产生裂缝，是不牢靠的，所以利用石头作为建筑的梁时，它的长度受到限制，这也是早期的石材建筑柱网密集的原因，这种做法也代表了古老时期的建筑文化。而枕梁拱，改进了石材垒砌的手法，使石材减少所受剪力，提高相对稳定性，这是一种出现在飞券拱之前的形式，仍然受到砌块受力性能的限制，虽稳固却还是不能有过大的跨度。直到飞券拱的出现，才使石材突破其受力性能，创造了前所未有的大跨度。"拱"使所承受的重量通过墙壁均匀地传递到基础上，克服了石材梁承受的重量都集中在中央部分，也是其最脆弱的部分，导致无法建造大跨

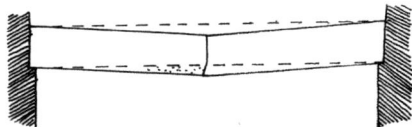

图1-4 跨度小而危险的过梁

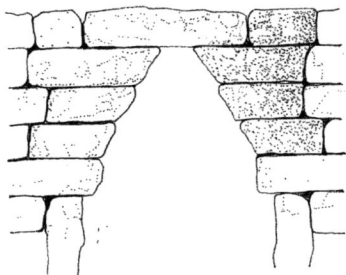

图1-5 相对稳定的枕梁拱

度石梁建筑的缺点。此三种技术形式所创造的建筑形态文化迥然不同。

最后，石材在出现半圆拱（图1-6）的这个阶段展现了罗马的建筑技术文化（图1-7）。中世纪的欧洲建筑也采用石料，罗马的"半圆拱"已经发展为"尖拱"，这些"尖拱"较更早些时候的罗马半圆拱具有更大的稳定性，可以建造更高的建筑，形态也更加优雅。它们被用来建造高高耸立的教堂，漂亮的石雕、多彩的玫瑰窗组合成一个整体，形成欧洲哥特式教堂建筑。其传统材料的构筑与颇具高度的形态组合"性价比"在当时没有被任何建筑物超越过。由此看来，无论建筑形态是小巧简洁还是庞大繁琐，总是离不开技术的支撑。

图1-6　罗马半圆拱

图1-7　古罗马半圆拱输水道

1.2.2　建筑技术是建筑文化发展的推动力

建筑技术是建筑文化发展的推动力。首先，技术的进步是人类文明进步的表现，只有技术的发展才能推动建筑文化的发展，只有技术的进步才有可能为建筑的发展提供新的施展空间和可能。如西方现代主义建筑的产生就是技术革命的结果，再如在19世纪中叶由于钢铁在建筑上的应用，产生了新的建筑语汇，展示了建筑发展新的可能性和发展潜力。其次，技术的创新给文化的多元提供了可能，如高技派建筑、解构主义建筑等建筑文化现象的出现，不论其是非功过，单就对建筑文化的发展而论，仍然是增添了多元化的文化色彩。最后，技术还是文化传播的有力手段和途径，在许多异域之间的文化传播中，通过技术的接受与再发展来传播文化是通常的手段。不论是在东方国家之间，如日本对中国唐代建筑文化的移植，还是进入20世纪后东西方建筑文化的交流，技术都是建筑文化传播的重要手段和途径。

历史上建筑文化因技术的停滞产生的"复古"现象不胜枚举，并且这些"复古"建筑采用的是传统建筑技术来完成，证明建筑文化发展需要技术进步的支持。那些"复古"的建筑形态同样需要与其相对应的技术来支撑。只有那些特定的技术体系重新被采纳，与其相呼应的建筑文化形态才能得以实现。比如西方出现于10~12世纪左右的"罗马风"建筑，当时流行于意大利北部及法国南部和德国等国家和地区，是一种古典复兴的建筑文化现象。自古罗马分裂、西罗马沦陷后，由于封建割据的社会现实，阻碍了生产力的发展，致使欧洲的生产力水平低下，科学技术方面未超过古希腊、罗马的水平，建筑技术发展同样停滞不前。于是，在这样的建筑技术停滞时期，由于缺乏新技术为建筑新形式带来探索的可能，人们关注的就不再是新结构的诞生，而是更多地关心外观形式的装饰，用旧有的结构形式，继续传统的纪念性风格，于是出现了复古倾向。其方法就是主要以古罗马的建筑技术手法来重归古典风格，采用古罗马的同心圆拱券技术及古典柱式，并因此而注重古罗马纪念性的建筑风格。

在采用过去技术的情况下甚至出现了倒退的现象，因为对古罗马技术原理、技巧的掌握远远不够，"罗马风"建筑反而不如古罗马建筑规模宏大，并且因为拱顶厚度大而不得不建造很高的侧廊以抵消中厅的侧推力。

1.2.3 建筑技术是建筑文化多元的根本

地域建筑技术是地域建筑文化的根本，而地域建筑文化的发展正是建筑文化多元发展的一种状态；同时，建筑技术系统的复杂性，技术要素在发展中的重组现象，以及技术要素传递中的累加效应等，都会促进建筑文化的多元发展。

建筑技术产生之初是地域性的。因为建筑技术一开始就是人类与自然界抗衡的一种手段，用来创造人与自然之间的介质——建筑。所以建筑技术的发展从一开始就是为了使人类适应不同的自然地理环境条件。例如，沙特阿拉伯地区的建筑有共同的地域性特征：利于空气流通开放的窗口，为防沙暴和遮阴的高墙、小窗，围绕一个或多个内庭院的规整式排列布局等。这些都表现出适应环境的空间物理环境控制技术所体现的地域建筑文化特征。典型的利雅得穆拉巴宫（Al Murabba Palace）（图1-8~图1-11）的建设利用当地的泥土、石头、相思树干和棕榈叶作为主要建筑材料。由泥土和稻草混合制成的厚重泥墙具有良好的隔热性

图1-8　沙特阿拉伯利雅得的穆拉巴宫（1）

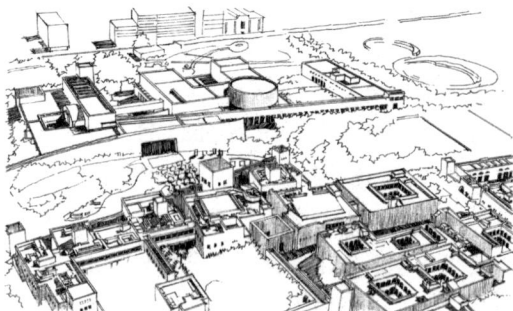

图1-9　沙特阿拉伯利雅得的穆拉巴宫（2）

图1-10　沙特阿拉伯利雅得的穆拉巴宫（3）

图1-11　穆拉巴宫内庭院

能，能够有效降低室内温度，减少热量的传递。高墙不仅阻挡了烈日直射，还形成了阴影覆盖，帮助室内保持凉爽。小窗的设计进一步增强了这一效果。小窗能够限制阳光的进入，避免室内过度升温，同时通过控制通风口的大小，提供适量的自然通风，排出室内的热空气。这种设计在炎热气候下既节能又实用，减少了对人工降温的需求。建筑围合形成的内庭院在炎热干燥的气候中起到了重要的气候调节作用，促进了自然通风，凉爽的空气在庭院和房间之间流动，为建筑内部创造了宜人的微气候，同时让自然光得以渗透到建筑内部。

　　由于世界地理空间的差异，使得建筑的形态种类繁多，这是建筑文化多元的根本。当技术发展到可以随意控制室内的微环境、可以与自然抗衡时，其产生的建筑形态就与自然环境的差异没有太大直接的关系了，并且借助先进的传媒技术，趋同的外貌开始泛滥。直到人类开始意识到能源危机、开始注重生态环境的保护时，建筑师又重回到起点来考虑建筑的设计，回到本土的技术，本土的文化自然回归。适应环境气候的建筑形态重新又回到人们的生活中，现代地域建筑出现了，重新丰富了建筑文化的发展。因此，能够创造建筑文化地域个性特征的技术，首要的是能够使建筑与环境交流的技术，而不是使建筑"自我封闭"的技术。前者利于发展地域建筑文化，后者导致建筑文化的迷失。

在当今时代的建筑设计中，技术的选择仍然是多元文化发展的根本，尤其对地域技术的弘扬为多元建筑文化的创造提供了坚实的基础。接受现代技术并不意味着完全抛弃地域特征，尤其是对当地自然环境的适应技术。在当代建筑中不乏优秀的案例，如杨经文的"生态摩天楼"，就是注重了对于物理环境控制技术的应用，因为是针对地域性环境气候特征，所以技术的选择和应用方式都是针对地域气候特征而存在，所营造的建筑会具有地域性文化特征。有人说"气候至少部分地造就了建筑"。这种说法就是在说：适应当地自然气候的技术造就了当地的建筑。在谈及"建筑追随气候"时我们可以列举很多种不同气候条件下不同建筑形态的例子。如印度的著名建筑师查尔斯·柯里亚（Charles Mark Correa）所设计的建筑，都非常重视气候条件对建筑的影响，他从许多传统的印度建筑中提取了适应当地炎热气候的自然通风技术，而这种技术影响下的建筑空间形态是当地居民所喜爱和认同的传统文化的延续，他把这些传统的技术通过提升再应用于他的建筑设计中，所创造的建筑形式仍然蕴含着印度传统文化的神韵，创造了极具地域特色的建筑并受到居民的广泛认可和欢迎。这就是由于建筑的物理环境技术所产生的地域文化，而这种地域文化经历了长时期的发展与历史的检验。故此，技术的合理应用是建筑文化多元化发展的根本。

1.3　技术普及与建筑文化趋同

1.3.1　文化趋同的两种状态与技术发展

越来越快的文化趋同速度令人吃惊，这与技术发展息息相关。绪论中已经提到：人类文化的趋同现象有两种类型：一种是文明的黎明时期各民族文化在相互隔绝的情况下所表现出来的趋同性；另一种则是在文化交流和文化传播发生后所产生的趋同性。这两种文化趋同的速度和蔓延的广泛度是相差悬殊的。现时代的文化趋同之所以受到世人的瞩目，就是因为其速度惊人之快、幅度惊人之广，究其根本是技术发展的迅猛所致。文化趋同速度随着技术的进步变得越来越快，当回首世界建筑史时，你会发现现代世界的雷同面孔仅在短短的一个世纪中完成，速度之快令人惊讶。特别是在第二次世界大战之后，混凝土的预制构件、大平板玻璃、钢筋混凝土等的大量应用，同时采用了简单的几何外形、缺乏细节装饰和绝大部分没有传统装饰的相似外貌，以不变的形体应万变的环境，这样的建筑分布在世界的各大都市中：从北京到纽约，从东京到洛杉矶……除了那些历史遗留下来的传统建筑、街区、城市之外，雷同建筑的身影遍布世界的每一个角落，幅度之广令人担忧。

1.3.2 技术普及加速建筑文化的趋同

"文化趋同"的现象是有目共睹的。由于建筑是人类通过技术完成的、满足人类需求的物质空间，因此，建筑技术在建筑文化的形成过程中占据着特殊而重要的地位。所以现代科学技术突飞猛进地发展，尤其在建筑领域，新材料、新设备、新的施工方法的不断涌现，对建筑文化的影响颇深，使人们逐渐不再受控于自然环境条件的束缚。日本著名民艺理论家柳宗悦先生认为"机械制品的生产使工艺品消除了地方性"，这种现象同样在建筑领域正在发生着。先进的建筑技术使建筑的地方性逐渐消失，技术发展成为文化趋同的加速器。网络时代的社会，信息的传递速度超过以往的想象，也使技术的传递越来越迅捷。相同的时间、在不同的地方使用相同的技术，使世界原本纷繁多样的文化越来越出现了相似性，这是建筑文化趋同的一个重要原因。

在当今这个传播与交流都十分便利的情况下，"技术"作为人类生命存在的手段，成为文化趋同的最大载体。吴良镛先生在1999年国际建筑师协会第20届世界建筑师大会上所作的"北京宪章"主题报告中，已经提出"技术是把'双刃剑'……技术的建设力量和破坏力量在同时增加"。说明了技术对文化发展不利的一面，现代技术确实促进了文化的趋同。关键是技术的普及也加速了那些拒绝与环境对话的所谓"高技术"的广泛传播与应用，只顾及技术"表演"的建筑是没有地方性可言的。这是导致丧失地域性的一个重要原因，从而加速了文化趋同。

1.3.3 对待新技术的态度

技术的迅猛发展确实加速了文化的趋同，但我们也绝不能矫枉过正，对新技术不能像"斯巴达"把艺术和艺术家、科学和科学家一齐赶出城垣那样彻底扫地出门。

刘先觉先生曾对当代世界的建筑文化之走向有过这样的论述："当

代世界的建筑文化就像一棵古老的大树，它分出了二支主干，然后上面再分别长出许多树枝，这些树枝就是我们现在看到的形形色色的建筑流派和各种建筑理论，而二支主干则是支撑建筑发展的两种动力，其一是物质技术，其二是地域文化。正是由于二者的共生与交融，才促使了建筑的不断进步。"①物质技术是客观的存在，当它们是地域性的物质技术时，自然就成为地域建筑文化的支撑与源泉，所以传统的地域建筑技术被看作是地域建筑文化发展的必要条件。面对现代技术的日新月异，建筑师困扰不已：一方面为了发展而求新，另一方面为了避免趋同而对"新技术"退避三舍。

事实上，面对新技术，当然不能因为惧怕丧失地域性而拒绝它，如何协调新技术与传统地域技术之间的关系是成功的关键。是否能够利于地域文化的发展和延续，在于对技术的把握和选择，技术的合理使用仍然是人类文化多元化的得力武器。人类社会发展至今，每一个国家和民族都形成了自己的传统文化，虽然传统文化的历史长短不一。即使面对纷繁的"异文化"，本民族的文化都不会彻底瓦解或不见踪影，因为每一种文化对另一种异文化的接受都不是在空白的基础之上进行的，而是在自己固有的传统上对"异文化"进行选择性地吸收整合。所以从这一点上看，文化的趋同只能是部分的和有限的，对于外来技术的吸收绝不会导致本土文化的消亡，不需要对现代技术心存恐慌。同时，技术的选择和使用是可以人为控制的，在这方面多作努力，结合地方性技术，发展符合各地区特点的技术，合理运用高科技技术仍然会保持建筑文化的地方性特色。

---

① 高介华. 建筑与文化论集：第5卷·第6卷［M］//刘先觉，葛明. 当代世界建筑文化之走向. 武汉：湖北科学技术出版社，2002：25.

2　建筑技术不同阶段赋予建筑文化时代特征

2.1 材料技术发展引发建筑新形态文化

在整个人类社会发展过程中，建筑技术文化发展是有一定阶段性的，可以大致地分为以下三个阶段：农业社会——手工艺的尊崇；工业社会——技术发展下的文化转型，崇尚机器美学、技术美学；后工业社会（信息时代）——欣赏高新技术及绿色环保的表现。每个阶段的文化改变都是从材料更新打开突破口。

新材料、新结构、新设备、新施工技术的不断涌现为建筑的发展带来空前的繁荣，建筑早已从过去砖拱与石砌梁柱的贫乏单元中挣脱出来，摆脱传统结构的束缚呈现崭新的面貌。所有的新可能使得建筑成为一种更加灵活的艺术。笼统地说，技术革命为建筑发展的变革带来契机，而建筑材料则是建筑技术文化实现质的飞跃的起始点。建筑材料历来都是各个时期建筑文化形态的前提基础，可以说一种新型材料的产生能引领建筑走进一个新的时代。

历史上，罗马帝国的大规模建设促使了新的建筑材料——混凝土的产生，这使得他们得以更加轻松地建造大型的拱顶。在穹顶和筒形拱之后，作为筒形拱的最高峰，出现了十字拱，它有能力创造个别互不相关的而不是整合的空间，离心地而不是向心地界定空间。这导致建筑形态上的空间由简单到复杂、由单一到多变。这个构思的逻辑顶点，最好的实例，是一座在当时有着错综复杂房间的新型建筑物——罗马公共浴场。罗马公共浴场中的一切都以开敞的门窗、券洞、壁龛等联系起来：一切都流动和运动着，不受阻碍……一切都被模糊地包容于它的边界中。材料促进了空间形态质的变化。

2.2 技术自身的规律性导致文化的阶段性特征

"技术无论以何种形态或在何种领域存在，都有着由低级到高级、由简单到复杂的发展，都有其兴衰演化。"[①]此外，技术的发展总是存在着螺旋式地上升。这两点发展规律让我们正确理解建筑文化发展中技术特征的规律性，同时使我们能够正确对待传统技术，而不是彻底抛弃历史的东西，因为技术的发展永远是在积累中发展的。

不是所有的技术有目的、有手段就都能进行下去。比如古代的炼丹

---

① 陈昌曙. 技术哲学引伦［M］. 北京：科学出版社，1999：136.

术和近代的永动机就是失败的技术活动典型，所以技术的发展不都意味着进步。如今传统技术中的朴素"绿色技术"重新被世人所关注，并在更高的层面上赋予其活力，利用传统技术中自然的通风降温技术改善现代居室环境，这正是技术的螺旋式发展。

在任何角度下研究建筑，我们都不会也不应该脱离其存在的时代背景，因为事物是普遍联系且相互作用的。因此，从建筑技术的发展上可以"读出"时代的脉搏以及相关的各种社会信息。从更多的理性思考出发，每个时期的建筑都是那个特定时期的社会、文化、经济的集中体现。比如古希腊的庙宇、古罗马的神殿、文艺复兴时期的住宅、哥特时期的教堂……由于建筑技术是依附于建筑本体而存在和展现的，所以真正记录历史的是那些构成建筑本体的建筑技术系统要素。这些构成要素的组合方式、组合变化反映了发展的历史轨迹。那么如何划分建筑技术文化的历史发展阶段呢？

历史学家贝特朗·吉勒（Bertrand Gilles）曾经用"技术体系"来描述不同工艺时期的特征。在他看来，一个技术体系就是某一特定时期不同工艺之间相互联系，由此形成的一个协调整体。比如：他划分的古典体系时期，差不多是从文艺复兴时期开始一直到18世纪，是一些围绕着水–木组建起来的相对传统的体系。这给笔者的研究带来很大的启发。建筑技术文化从其构成要素看，有其特殊的条件约束，那就是建筑材料是建筑技术文化可以依附于建筑物化本体来展现文化特性及魅力的最本质基础，所以建筑技术文化的发展历程，可以从建筑材料的选择、利用和发展上划分几个阶段。同时，建筑材料的发展与建筑结构、工艺等都有密切的联系，相互作用、相互影响。所以材料的变化同样在建筑的结构形式、工艺手法上引起变化。

2.3　农业社会——天然材料与手工艺结合的文化特征

2.3.1　原始材料利用与复合利用

农业社会中主要以土、木、石等天然材料为主。事实上，针对同样的自然原材料，使用的手法不同，加工精度的发展不同，产生的结果也不同。人类对自然原材料利用存在一个过程，因此"土、木、石"时期又将进一步划分：从初步单一、简单利用，发展到对自然原材料的初步加工、复合利用，最后才是对自然原材料的精加工、充分利用。

在这一时期，材料的选择及利用体现了建筑技术的发展过程。原始洞穴只是古人类对天然洞穴的利用，一直到竖穴的出现，建筑技术才真正有所突破：即出现了原始的"屋顶"——用植物枝叶编结而成的、稍微大于穴口的顶盖，这意味着建筑技术有了质的飞跃——材料由单一的"土"发展为"土、木"结合。此时的"屋顶"兼有多种功能：因为它可以自由地开启、采光、遮风挡雨，所以它是门、窗、屋顶的综合体。这在日后的建筑技术文化的构造词汇中都会被一一分解，产生词汇分化及转换。而这种转换中起决定作用的是建筑技术系统要素中的主观要素，经验的积累、技艺的熟练，使得对同样材料的使用、加工不断深化，使之在建筑本体中能够完成更多的功能角色。

我们经常发现传统天然材料在后现代主义建筑上被用来寻找古典情结，足以证明这些材料的历史阶段性。比如菲利普·约翰逊（Philip Johnson）所设计的纽约"美国电报电话公司"（AT&T）总部大楼，那些历史主义的、装饰主义的、折中主义的后现代特征，在它的身上一应俱全地体现出来。这个巨大的建筑物是在钢结构基础上应用了石片作为幕墙材料来表现古典主义。这里设计师就利用了材料的时代性特征，用以传达对建筑的怀旧情愫，同时采用了古老材料的古老形式，比如罗马拱券等装饰细节，从而达到古典主义的装饰特色。再如詹姆斯·斯特林（James Stirling）设计的德国斯图加特新国立美术馆（1977～1984年），采用花岗石和大理石作为建筑材料，局部采用古典主义的细节，比如拱券和天井高低起伏错落布局、中庭天井中的爱奥尼式柱门和古典雕塑装饰、大块花岗石和大理石镶嵌的墙面等，引起人们对于古罗马都城和建筑的联想。天然材料的选择首先会给人久远的想象，其次材料的历史符号和形象更为现代建筑增添了古典的意蕴。

2.3.2 原始材料形成的原型空间形态

传统天然材料时期的建筑文化表现为：空间形态在同一地域内具有同构性。初步简单利用期主要指直接对自然原材料的初级开发利用。比如，人类最初在旧石器时代的原始穴居文化以及与之相对应的原始巢居文化，都是中华远古时期的居住文化类型。《墨子·辞过》："古之民，未知为宫室时，就陵阜而居，穴而处。下润湿伤民，故圣王作为宫室"，《孟子·滕文公下》："当尧之时，水逆行，泛滥于中国，蛇龙居之，民无所定，下者为巢，上者为营窟。"[①]古之民的两种居住形态——

---

① 杨伯峻，孟子译注（上册）[M]. 北京：中华书局，1960：154.

穴居与巢居，都选择了最原始的自然材料"土"与"木"。从考古所发掘的属于旧石器时代和新石器时代的文化遗存来看，中国原始穴居文化发源于中国北方，主要在黄土高原地带、黄河中下游地区。因这一地区的黄土层广阔而丰厚，为远古人类穴居提供了良好的物质条件。"中国原始穴居文化的发展历程（图2-1）线索为：自然洞穴→横穴→半横穴→竖穴→半地穴→原始地面房屋。"[①]"土"成为这一阶段建筑的材料特征，也因此体现了这一时期建筑的文化特征——简单、直接，以及具有明确的目的性和逻辑性。

通过对这些居住遗存的考古研究发现，原始住民对自然原材料的利用是简单而直接的。如穴居，包括对山洞的直接利用，或在土质松软地区挖掘窖穴、半地下洞穴等。虽然在陕西半坡遗址发现的仰韶文化所出土的房址已经有柱洞的存在，但当时这些对木材的利用只是将砍伐来的树枝进行直接利用。故这一阶段的建筑技术主要体现在建筑材料的选择上。

图2-1　原始穴居文化发展历程[②]

2.3.3　手工艺的推崇

由于农业社会技术发展水平低下，采用的建筑材料主要是天然材料，如土、木材、石头等取自自然的材料。在相当长的历史阶段中材料

---

① 王振复. 中国建筑的文化历程［M］. 上海：上海人民出版社，2000：21.
② 改绘：杨鸿勋. 中国早期建筑的发展——一九七七年北京大学、武汉大学等考古专业讲座提纲［C］//建筑历史与理论（第一辑）. 北京：中国社会科学院考古研究所，1980：24.

没有太多的变化，这使得建造屋宇的工匠们把精力越来越多地投入到对材料的进一步美化的工作中，从而使工匠的传统手工艺得到社会的认可和尊崇。当然，因此产生的形态、肌理文化体现出的是非统一的、非均质的个性特征。

不论是东方还是西方的建筑，在农业社会时期传统"手工艺"在建筑中都占有绝对重要的地位。看中国古代建筑上的木雕、石刻，不是用"雕梁画栋"来形容中国古代传统建筑吗？在构件上的每一笔细细雕琢都凝刻着古代手工艺工匠的精湛技艺。再看西方古希腊神庙上的石额枋、周围美丽的柱式，以及门楣上的图案，处处彰显出那个时代手工艺在建筑装饰上的重要地位。同时，由于施工技术的简单低下，所有构件的组合都是靠工匠的双手一点点搭建的，如此繁密的人力劳动更加突出了手工艺的重要地位。

对于西方"石"建筑的发展有着同样的历程。在最初的建筑"雏形"中，建筑材料的使用是最简单且直接的（图1-3（1））。发展到古希腊时期的神庙已经有相当高的"工艺"水准（图2-2），并且在此后的古罗马、哥特建筑、文艺复兴中渐进发展，成为日后后现代主义建筑中古典主义装饰的一个"代码"。

砖是古代比较普及的一种材料，属于"土"材料的一种。砖发源于公元前7500年左右的两河流域，那时采用的是"生砖"建构房屋，就是

图2-2　帕提农神庙在简单与直接的基础上加入雕刻工艺

晒干的土坯砖。后至公元前3500年左右，美索不达米亚地区开始烧制生砖建设房屋。公元前2100年的古巴比伦王朝时期，塔、神殿以及城等成为砖建筑文化的发展温床。到罗马时代，砖被用来作为结面的材料。公元前2500～前2000年，在印度河流域可以看到印度建筑文化中使用砖的发展痕迹。砖在历史的发展中一直被用来作为构筑低矮建筑的砌块。在农业社会中，砖需要经过工匠的双手一块一块的垒砌起来，因此砖的施工体现了更多的手工艺。这种劳动密集的手工操作方式让人倍感亲切，砌砖的工序被认为是无限人性化的过程，这样的过程更加突出了手工艺的表现，砖在施工过程中的特殊性赋予建筑更亲切的表层肌理。

2.4　工业社会——工业化审美

"……工业像一股洪流，滚滚向前，冲向它注定的目标。给我们带来了适合于受这个新精神鼓舞的新时代的新工具。"[①]这是勒·柯布西耶（Le Corbusier）说过的一句话，他表达了对工业文明给人类社会带来新机遇的企盼。

2.4.1　水泥、钢材、平板玻璃、钢筋混凝土材料特征

19世纪后期开始，钢材、钢筋混凝土的应用越来越广泛。新材料的运用推动了新结构的发展，促进人们寻求与新材料相适应的新型建筑。这是建筑材料出现质的飞跃时建筑文化受到冲击的典型时期。由于钢铁在建筑上的应用，产生了新的建筑语汇，展示了建筑发展新的可能性和发展潜力，产生新的形态、新的高度、新的跨度……"水晶宫"的出现就是一个新形态很好的例证。为了炫耀工业革命带来的伟大成就而建造了一个巨大的"玻璃温室"，建筑全部采用钢材与玻璃材料，它的出现震惊了国际建筑界，开创了钢铁和玻璃两种新材料在建筑上的设计与使用以及制作标准构件的先河。这正是新材料推动下的新建筑技术"语汇"产生的证明。它通体透明、开阔的内部空间，表现出工业时代的新风貌。它不仅建造速度创出奇迹，而且开创了建筑形式的新纪元。至于新的高度、新的跨度，当数1889年巴黎世界博览会上高高耸立的埃菲尔铁塔和大跨度的机械馆，这两个建筑是现代工程技术上的重大发展和突破。特别是埃菲尔铁塔，是现代建筑发展水平的象征。当埃菲尔铁塔这

---

① 勒·柯布西耶. 走向新建筑［M］. 吴景祥，译. 北京：中国建筑工业出版社，1981.

个高度达328米、1万吨熟铁建造的"巨兽"突兀地出现在古老的巴黎市中心时，彰显了工程师对建造大型建筑的力学把握。而机械馆则以115米的大跨度（首次使用三角拱结构原理）创造空前的大空间形态。两者在当时的技术条件下，最大限度地使用了锻铁的性能。与"水晶宫"比较，埃菲尔铁塔和机械馆更加成熟，对于钢铁构件和技术的运用更加熟练和自如，充分体现材料与形式的完美结合。

事实上，对于材料给建筑文化发展带来的契机，在现代建筑思潮萌发时已经被认可。提出现代建筑思想最重要的人物之一，法国建筑家勒·杜克（Eugène Emmanuel Viollet-le-Duc）曾在其一系列的文章中发表他对未来建筑的看法："钢铁、玻璃和混凝土已经在19世纪得到广泛的应用，在不远的未来将彻底改变建筑的面貌。"这表明现代工业建筑材料对建筑发展的影响是决定性的。同时也说明，在建筑文化的发展历史中，在对其产生巨大影响的技术系统中，材料要素是走在最前端的。

2.4.2　工业革命后的建筑新形态

工业革命带来的新材料为建筑文化的发展带来空前的生机与可能。钢筋混凝土在19世纪后期成为新结构、自由空间的代名词。由于钢筋混凝土的应用而产生的新结构使建筑物内部空间形态出现前所未有的自由、合理和多功能。框架结构是它最常见的结构形式。

以现代建筑为例，现代建筑是在19世纪末到20世纪初产生的，工业革命是它形成的最主要的动力和原因。而其明显的建筑特征就是技术性，尤其是新材料特征。现代建筑采用了工业建筑材料，如水泥、玻璃、钢材等，大幅度降低了建筑成本，同时改变了建筑结构和建筑方式，进而产生新的形式——反对任何装饰的简单几何形状，以及功能主义倾向。在形式上的简单立体外形，正是奥地利建筑家阿道夫·路斯（Adolf Loos）提出的"装饰即是罪恶"和密斯·凡·德·罗（Ludwig Mies Van der Rohe）提出的"少就是多"等观点，说明了当时面对新材料的建筑形态发展趋势。建筑由柱子支撑，全部采用幕墙结构，把几千年以来建筑完全依赖于石料、木材、砖瓦的营造传统打破了。应该注意的一点是现代主义建筑在应用"新材料"时其外部空间形态纯朴的回归——以最简单的几何体展现其功能的宗旨。空间成为新材料的追求，就像后来菲利普·约翰逊提出的："重'volumn'，而不是重'mass'"（重空间，而不是重体积）的原则一样，空间成为在技术发展到一定阶段的着重点。而在古埃及的神庙里，是无法谈及随心所欲的空间的。当然此时我们不能忽视建筑结构和建筑方法的改变，以及采用工业化大批量生产的建筑材料所引起的工艺的改变，如采用大量的预制件和现场组装的方式等。但究其根本，仍然是材料进步引起了诸方面变化。

美国作家汤姆·沃尔夫（Tom Wolfe）曾经在他的著作《从包豪斯到我们的房子》中提到：密斯的原则改变了世界都会的三分之一的天际线[①]。笔者认为，实际上，密斯的原则源于对新型材料的认知，是技术的发展历程选择了这种适合材料、结构等技术条件发挥的样式，这一时期的技术特性塑造了世界大都会的天际线。由于引入钢筋混凝土，建筑艺术与技术之间关系的丰富和多样性获得了新的发展，由于这一材料独特的施工技术和造型的潜在能力，使建设者们又重新发现了远古时期直率、真实的逻辑表达。所有钢筋混凝土结构构件在力学或构造上都提供某些启示，可以转化为一种有表现力的艺术形式典型。应运而生的玻璃方盒子文化代表了这一时期的技术发展。

值得注意的是，现代建筑一方面摆脱了传统的束缚，创造了"玻璃幕墙"式样的方盒子；另一方面也在结构技术上返璞归真，以最直白的态度对待建筑的受力结构体系，让它们成为建筑表象文化的合理部分，这又一次体现了技术在建筑文化中的主干地位。如芝加哥的汉考克大厦，钢结构的支撑在其外表面，形成独特的外部特征。这种结构能够抗击风力，并能支撑自身的重量，使哥特式的轻型结构在现代成为可能。它是将建筑设计和结构设计巧妙结合起来的优秀范例。

当然，在一开始的变化中，新形态并不会被广泛地接受。就像当初在现代建筑的开端时期，最有代表性、最引人注目的建筑之一、英国建筑家约瑟夫·帕克斯顿（Joseph Paxton）于1851年设计了举世闻名的伦敦世界博览会的大型展览馆"水晶宫"，由于是采用新型材料玻璃和钢铁作为主要结构材料，曾被人一度耻笑"是一个放大的花房"。还有横遭非议的法国著名建筑家、工程师古斯塔夫·埃菲尔（Gustave Eiffel）1889年设计和建造的巴黎城市标志物埃菲尔铁塔。尽管这一切在开始的时候遭到舆论的强烈反对，因为它们都打破了以往传统的建筑形态，"突兀"地站到了复古主义的对立面。但是这些都无法抹杀它们划时代

---

① 王受之. 世界现代建筑史［M］. 北京：中国建筑工业出版社，1999：142.

的意义，将建筑材料的进步，在建筑上、在当时的技术上展现得淋漓尽致。

2.4.3 机器工艺取代传统手工艺

有人说工业革命从生产手段的角度完全打破了千年以来温情脉脉的手工艺传统。对于建筑来说，生产手段在此主要是指技术系统中的工艺要素，是将技术系统的主、客观要素综合起来的过程。这一过程是通过传统手工艺，还是通过现代化机械流程，产生的结果将是完全不同的。工业革命带来的变革是巨大且惊人的，所以对许多热衷于传统手工艺的人们来说是无法接受的，因此引发了许多呼吁回归传统工艺的运动。但是社会是向前发展的，回归传统毕竟不是适应技术发展的上策。

在建筑技术迅速发展中，材料的飞跃发展往往是导致采用全新的工艺手段来应对的主要原因，即在建筑材料这一最活跃因素的发展变化促进下，产生适应新材料的"新工艺"，从而迫使人们努力寻找"新工艺"与新材料之间的"契合点"，逐步完善机器工艺。由于工业化大步迈进，新材料快速发展、蔓延，很快取代了传统建筑材料，成为建筑向更新的形态进军的敲门砖。这一时期由于各个方面的飞速发展，使人们对于建筑的文化审美发生了巨大的变化。首先对于传统手工艺低效率、低统一的个性特征的舍弃，以机械化工业生产的高效率、高度统一的特征进行替代。至此建筑技术文化的崇尚手工艺倾向转化为"机器"审美倾向，崇尚技术带来的一切新事物，简单、直接等形体特征成为审美的新标准。

这一时代充分体现了工业制造工艺取代传统手工艺的特征。对材料的加工上以简单的几何形，高精度加工，表面光洁、准确、平直，可以大量复制且保持一致性等特点令人耳目一新，与传统手工艺加工材料的曲线、粗糙、不均匀、无法统一地大量复制等特点形成鲜明对比。

2.5 后工业社会——高新技术与绿色技术

后工业社会是西方工业社会发展至成熟、科技发展速度相对迅猛的时期。这一时期的技术表现出"含金量"高的特点，信息发达。文化形态相对"多元"，以复杂、新颖的高科技手段对传统的建筑理念进行了挑战。信息、智能、生态等一系列原本与建筑关系疏远的科学在这期间融入建筑的创造中。

2.5.1 高新合成材料、绿色材料的出现

跨入21世纪后，新型高新合成材料不断被开发，如高分子合成材料、绿色环保材料等，促进了建筑新型结构的诞生。膜结构建筑就是一个很好的例子。在成功开发了适用的织物后，膜结构获得了长足发展，由临时性的帐篷发展为永久性建筑。膜的支承有多种方式，如空气、索或骨架，各种支承方式具有不同特点。特定结构体系中，在已定的支承边界条件下，设计师通过结构计算分析来确定膜面的形状。如由英国设计师阿特金斯（W.S.Atkins）设计、1999年竣工、位于阿拉伯联合酋长国首都迪拜的芝加哥海滩宾馆（图2-3），具有很强的膜结构特点及现代风格。建筑高340米，是当时中东地区最高的建筑物。宾馆采用双层膜结构建筑形式，造型轻盈飘逸，是一个帆船形的塔状建筑。由此可以看出新型建筑材料的发展为建筑形态的多样性提供了巨大的舞台，建筑由此变得轻盈飘逸、洒脱自如，动感而富有个性。

绿色建筑材料是在20世纪70年代绿色运动兴起后，人们极力开发的新型材料，是无毒健康型建材、防火或阻燃的安全建材、耗能低的节能材料，以及可以取代木材、钢材和节水型的建筑材料。从长远角度看，

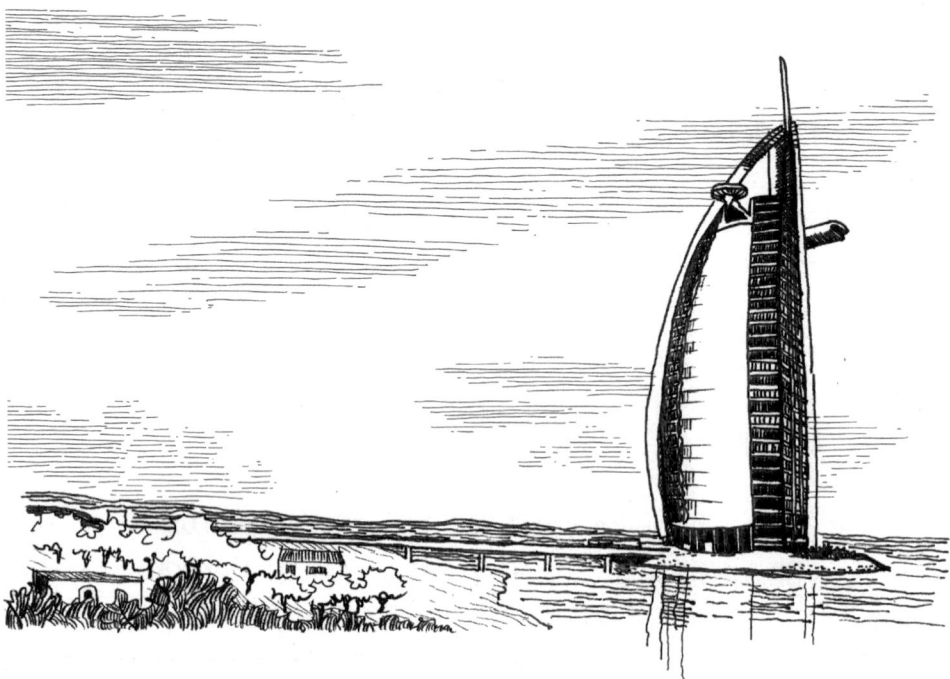

图2-3 膜结构建筑摆脱传统形式的束缚

绿色建筑材料取代传统的建筑材料将是大势所趋。尤其是建设中，要综合考虑自然生态效应和社会效应，遵循"3R"原则①，对于材料减少使用，鼓励循环使用。随着环保意识的增强，人们对绿色建筑材料的需求将不断增大，绿色理念将促使人们在建造的过程中尽量就地取材，减少对不可再生资源的消耗，对传统的建筑材料进行重新认知和评价。材料变化必然会给建筑形式带来新的革命。

2.5.2 "高技"审美

"从西方当代的建筑发展来看，应该说自从罗伯特·文丘里（Robert Venturi）在20世纪60年代开始向现代主义挑战以来，设计上有两个发展的主要脉络，一个是后现代主义的探索，采用古典主义和各种历史风格从装饰化角度来丰富现代建筑；另一个是对现代主义的重新研究和发展，包括对于现代建筑的结构进行解构处理的解构主义，突出表现现代科学技术特征的"高技派"，和对现代主义进行纯粹化、净化的新现代主义。"②事实上，无论是解构主义、高技派还是新现代主义，都对新技术的应用倍加重视，只是在高技派建筑上更加突出"高""新"技术的地位，并将技术的逻辑关系上升为时代的文化，引导了社会的"高技"审美趋势。高技派就是一个展示发达技术的典型代表。

应该说在这一时期里，建筑领域中"高科技"（High Tech）或称"高技术"独领风骚，原因在于其尽显当代建筑技术的精致、效率以及清晰的"逻辑"。这个风格的特点是运用精细的技术结构，非常讲究现代工业材料和工业加工技术的运用，达到具有工业化象征性的特点。在建筑形式上突出当代技术的特色，突出科学技术的象征性内容，以夸张的形式来达到突出高科技是社会发展动力的目的，炫耀时代技术文明。

实际上"高科技"首先出现是在工业产品设计上而非建筑上。自从包豪斯开始使用钢管制造家具以来，科学技术的形象就成为设计的一个很主要的中心，强调工业化特色，突出技术细节，以达到表现的目的。因而在处理功能、结构和形式三个基本因素上，设计师逐步把结构和形式结合起来，工业化的结构就是工业化时代的形式，而高科技的结构就是高科技时代的形式，出现了形同于远古时代的直接："结构"等同"形式"，当然这里的"等同"远非远古时期可相比，而是螺旋上升的更高

---

① "3R"原则：即减少原料（reduce）、重新利用（reuse）和物品回收（recycle）。
② 王受之. 世界现代建筑史［M］. 北京：中国建筑工业出版社，1999：387.

点。相同的本质、不同的复杂性，包括要素的复杂以及相互逻辑关系的复杂是这一时期建筑的特色。这种"结构"等同"形式"的理念应用到建筑上之后，自然而然就发展成技术的合理逻辑直接塑造建筑形态的结果。于是，所有新技术都可以直接表现于建筑的外表，自然形成新的文化形态。时代的技术、材料的特征在建筑上一览无余。于是，这样的高技术"表皮"成为新时代审美标准。

2.5.3 "绿色"审美

对于建筑师而言，在以往很多的实践中，对环境与建筑的理解仅限于结构的坚固程度和对数据的研究能力等方面，而排除对有意义的自然环境意象的思考，对技术的选择没有根据自身环境的特征，由此产生大量的脱离环境的现代建筑。直至人类面临资源危机及环境问题才开始归于始点，重新思考建筑与环境之间的关系，而不再高估自己的能力。随后的发展中，不断地将先进的技术和传统的地域技术融合，作为解决建筑与环境更好的共生手段。那些能够降低资源消耗、降低污染排放的技术被称为"绿色技术"。这些绿色技术的大量推广和使用，引领了又一种建筑文化现象：绿色建筑。

绿色技术很大程度上节约了在建筑建造上耗费的资源并减少很多后期维护费用。绿色建筑的发展倾向是人们越来越关心人类居住环境、关心生态平衡问题的表现。正是可持续发展的理念促使人们对建造所选用的技术进行筛选，并对能够降低能源消耗、减少污染排放的技术不断探索、开发。也因此会出现越来越多的饱含绿色建筑技术的建筑出现，并且这也将会是一个主流的发展趋势。

1. 传统中的"绿色技术"重新得到重视

传统中的"绿色技术"被发掘，重新提升后应用于新的建筑设计中。那些因这些传统的"绿色技术"而产生的地域建筑形态文化更加受到世人的认可和赞赏。

在很多传统的建筑技术中都包含了朴素的绿色思想，是传统建筑技术中的绿色技术。比如自古以来人类对于太阳光的利用，选择建筑的朝向，以及扩大采光面积；对于自然气流的利用，降低室内温度，保持良好通风的措施；等等。

传统太阳能利用技术，包括建筑物朝向、蓄热材料的选择、采光、建筑物表面色彩等方面。人类很早就发现了太阳光的方向性，于是在建造居所的时候非常注意房屋的朝向，以利于冬季时最大限度地获得太阳热量，这是一种比较简单、直接而有效的太阳能利用方式。这种方式在中国华北地区的民居上体现最为明显：在南向的墙体上，除了门之外，在技术允许范围之内，会尽可能增大开窗面积。在材料的选择上，北方寒冷地区往往根据自身的环境资源特色选择蓄热量大的材料，如黄土高原的黄土系列材料、华北的石材等，在湿热的南方地区则有相对灵活的选择空间，竹子、木材、砖等，薄而灵活的隔断式墙体而不用考虑热惰性。在色彩的选择上，寒冷地带的建筑外表面偏重于深色，而温暖湿润的南方则较多采用浅色或白色。

自然通风技术在传统民居上的应用相当普遍，其原理就是烟囱效应。如沙漠地区民居的捕风窗、中国传统四合院中的狭窄合院等。这种通风技术可以将室内的热空气有组织地排出室外，从而调节室内温度，改善空气质量。

适应气候环境的外围护结构也根据自然环境的地理空间分异而产生差别。我国民居由南到北、由东到西，外围护结构的墙体材料不同、厚度不同，反映出适应地理环境气候特征的技术手段。

所有这些措施都在经济条件允许的前提下，利用环境的优势，最有效地解决了居住环境的舒适问题，同时降低能耗，是传统建筑技术中的"绿色"技术。而事实上正是这些绿色技术赋予了地域建筑个性特征。

2. 新型绿色技术引领新文化

随着社会的进步，人们对环境问题日益重视，新型绿色技术不断开发，越来越多的先进技术被用来解决建筑与自然环境协调的问题。与传统绿色技术的关键差别是，新型绿色技术更多的是积极、主动地对可再生能源的利用，而不是仅仅局限于过去对太阳能的利用，还包括地热、风能，变被动为主动地利用环境优势节约能源。如建筑的选址、建筑的布局、建筑间距、朝向等。同时，在建筑材料的节能性能上也不断探索，充分节约天然资源，并同时改善其物理性能，使建筑的墙体、门窗、屋顶等外围护结构在提高保温、隔热性能的同时兼具经济、美观，从而影响到建筑外表的形态文化。

越来越多的绿色技术给建筑文化带来新的构成元素。由于绿色理念的影响，以及越来越多绿色技术的开发，使得建筑上的绿色技术含量越来越高，与此同时，建筑的空间形态也因此而受到影响。比如为减少能量消耗而采取半地下室的建筑形式。在20世纪70年代初期，节约能量的建筑外围护结构是主要的技术手段；随后发展的主动式太阳能集热系统又给建筑增加了一个怪异的屋顶，那些安置在屋顶的集热器常常成为建筑师难以处理的难题，或者索性夸张这种技术手段，使它成为建筑的绿色商标。此外，由于节约能源的要求，使得建筑工作者对建筑中使用能源的各个环节的研究不断深入。比如天然采光和新型控制技术结合的太阳跟踪式、可调控的遮阳板；不同效率的新光源的综合利用，从而达到满意而合适的照度。其最终目标都是节约能源，同时达到舒适要求。

同时绿色技术也会产生与现代建筑发展之间的矛盾，其对建筑的空间形态产生的影响不容忽视。从节约能源、降低消耗目标出发的技术手段往往与现代建筑发展的思想相左，比如玻璃幕墙的大量使用是人们乐于开放的空间方式，而这种做法恰恰与绿色技术要求相悖，因为它带来了能量的过多消耗。还有建筑外围面积的最小化要求与建筑功能庞大复杂化的趋势之间的矛盾，这些矛盾都有待于建筑师采用合理的技术手段来努力协调解决。

3. "现代建筑"中的绿色技术文化

20世纪20～30年代现代主义的迅速蔓延，使现代建筑的简洁、直白、功能主义很快成为世界性的建筑通用语汇。"现代"城市形象非常相似地出现在世界各地越来越多的城市。由于大量现代建筑被迅速建设出来，至20世纪60年代，越来越多的人开始对如此多的简单方盒子建筑横加指责。20世纪70年代，建筑界反对和背离现代主义的倾向愈来愈明显，越来越多元化的建筑文化现象改变了以往现代建筑单一的玻璃盒子，越来越多的建筑师开始对现代主义进行反思。

其实早在现代主义建筑飞速发展时期，已经有一些建筑师开始了对地域性文化及建筑与自然融合的思索和尝试。比如弗兰克·劳埃德·赖特（Frank Lloyd Wright）的有机建筑理论；阿尔瓦·阿尔托（Alvar Aalto）以地域建筑材料实践的北欧地方性建筑；即便是采用现代建筑技术材料的勒·柯布西耶也没有放弃自己在工艺上的探索，开创了粗野主义建筑的先河。

其中赖特有机建筑理论最具有代表性。其理论的核心思想是：建筑应该是同所在的场所、建筑材料，以及使用者的生活有机地融为一体。让建筑成为环境的一部分，就像植物从地上生长出来的那样，从属于特定的环境，而不是其他的地点。有机建筑强调整体概念，应是对任务和地点性质、材料的性质和所服务的人都真实的建筑。赖特根据实际的使用功能来进行材料的选择，不断发掘原材料的潜质，将它们演绎得更加生动，富于个性魅力，充分展示各种材料的肌理、质感在建筑创作中的重要作用。

其他重视建筑与环境对话的代表人还有维克多·奥戈亚（Victor Olgyay）和吉沃尼（B.Givoni）。前者在20世纪60年代出版的《设计结合气候：建筑地方主义的生物气候研究》（*Design with Climate: Bioclimate Approach to architectural Regionalism*）中提出"生物气候地方主义"，认为在设计过程中应该遵循"气候——生物——技术——建筑"的设计过程。这里已经把环境控制技术作为达到建筑适应气候的重要手段了。后者在20世纪80年代出版的《人·气候·建筑》一书中对奥戈雅的生物气候方法内容进行了改进，但核心思想仍然是相同的。尊重建筑所处的环境，意味着在建筑的建造过程中选择适应于所处环境的技术手段，尤其是采用适宜的环境控制技术。

此外，覆土建筑也是一种绿色形态的建筑文化。它采用传统技术手段改善建筑环境的建筑形式。覆土建筑兴起于20世纪70年代，其特点是利用覆土来改善建筑的热工性。实际上就是利用技术手段改善室内环境质量产生的结果，前提是为了减少建筑的能耗。

这些在现代建筑运动中对适应自然环境、降低能耗和利用本土材料的设计方法，在方盒子的现代建筑洪流中呈现出别样的技术文化形态，成为多元文化发展的一股溪流。

3　建筑技术不同要素对建筑文化的作用

3.1 建筑技术系统要素与建筑文化层次

3.1.1 建筑技术系统要素

建筑技术系统的构成要素与技术系统是相同的，只是更加具体化而已。技术系统的构成要素包括三个方面：客体要素、主体要素、工艺要素。从建筑形成的全过程来看，建筑技术是一种相对劳动密集的技术，这就表明在建筑技术中蕴含了更多的人为因素，就是说主体要素相对密集，如对结构的选择、工匠的熟练程度、工匠的技巧、地方性工具的选用、工匠的经验等。通常我们说建筑技术包括以下几个方面的内容：①媒介技术；②建筑材料技术；③建筑结构技术；④建筑构造技术；⑤建筑施工技术；⑥建筑物理环境技术；⑦建筑设备系统技术；⑧建筑节能技术；⑨建筑安全和防护技术。[①]在这些技术中，本书着重于建筑师在建筑设计过程中能够把握和必须考虑的技术（architecture technology），如建筑材料技术、建筑结构技术、建筑构造技术、建筑施工技术、建筑物理环境技术、建筑节能技术、建筑安全和防护技术等。

但由于技术系统要素复杂，没有绝对的客观与主观要素，一切经过人类选择、加工过的材料都包含了人类智慧，没有一条明确的界限来分辨技术要素中哪些是物质的、哪些是意识的。技术原本就包含了人的思考，就是"物"与"心"合二为一，因此只能根据各要素的主要特征来划分，以解决研究中遇到的混淆。具体分类如下：

客体要素主要指客观物质条件，即建筑材料技术；主体要素指包含人的主观意识的心物结合部分，结构技术、构造技术、物理环境技术、节能技术、安全和防护技术等都属于主体要素；工艺要素是指把客体要素与主体要素组织到一起的手段和方法，如同工艺中的流程，因此，建筑技术系统中的工艺要素是建造工艺，包括工匠手工艺及工业制造工艺。只有精确的工艺流程才可能将客体要素的材料转化为主体要素的结构、构造，并体现一定的思想意识形态。

3.1.2 建筑文化层次与分类

文化是一种十分复杂的现象，文化整体外貌不规则、不确定。正如人类学家莱斯利·A·怀特所指出的那样："当文化变成一种抽象概

[①] 参考秦佑国先生2001年12月28日于西安建筑科技大学建筑学院所作的学术演讲报告：建筑技术的建筑与人文解读。

念时，它不仅成为不可见的和难以测量的，而且事实上它已不再存在。"怀特认为所有文化的特征总是同时具有主客观这两方面的因素。他曾用一个图式来说明主客观这两方面因素之间的复杂关系（图3-1），"文化是一种十分复杂的现象，它并非由一种单纯的主客观关系所构成，而是由许多错综复杂的、多层次的主客观关系所构成，以致它在整体面貌上是不规则的。"① 由于文化整体面貌的不规则及不确定性，给文化研究带来极大的难度，因此建筑文化的复杂性同样给建筑学者带

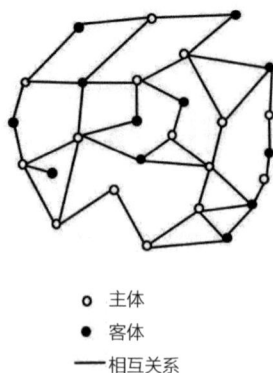

○ 主体
● 客体
—— 相互关系

图3-1 文化现象错综复杂的空间结构

来了研究上的困难。所以不论从何种角度来探讨建筑文化，对文化的分层次研究都是十分必要的，这样可以使复杂的文化现象简明化、类型化。

　　一般来说，文化分为物质文化、制度文化、精神文化三部分。建筑属于物质文化的范畴，而物质文化的三点特性说明它与其他两种文化类型之间存在无法割舍的关系：其一，物质文化中凝聚积淀着制度文化的因素；其二，物质文化中凝聚积淀着观念形态的文化；其三，物质文化具有民族特点。故建筑文化是一种凝结了三种文化的综合物，是心物结合物。因此，建筑文化应包含两大部分、三个层面的内容，即物质形态文化和意识形态文化，其中意识形态文化包括制度文化与精神文化。

　　复杂的文化使得建筑文化的研究困难重重，笔者才疏学浅，不能对建筑文化的总体面面俱到地给予全面的分析。因此，在本书中所要探讨的建筑文化，主要是由技术所引发的建筑物质形态文化。对部分在物质形态文化上衍生出的意识形态文化，在论述中偶有涉及，但不属于本书研究的主要内容。

　　在物质形态文化上，可以进一步根据建筑自身的组成要素划分为肌理文化、构件文化、外部空间文化、内部空间文化、景观文化等。

---

① 朱狄. 信仰时代的文明——中西文化的趋同与差异［M］. 北京：中国青年出版社，1999：396.

3.2 技术要素对各种建筑形态文化的支撑

在世界建筑大花园中，令人目不暇接、千姿百态的建筑文化，对于大众来说，留给他们印象最深的依然是建筑的外部造型，即建筑的外部空间形态。不同形态的建筑代表了不同时代、不同地域、不同民族的文化特征。而这些富于个性的形态特征往往来自于各种建筑技术的作用。

3.2.1 肌理文化

建筑的外表面是展示建筑材料及材料的加工、组织方式、垒砌工艺的舞台。所有在建造建筑物过程中、施于围护结构上的技术手段过程，在建筑的外表肌理中都显露无遗。从材料的土、木、砖、石分类，到原材料的粗、细加工手法，再到材料的雕琢及材料组织的手段，方方面面的因素都是建筑文化最后形态结果中肌理形态的成因。其中包括技术系统的客观要素和主观要素两大部分。肌理文化可以说是建筑客观要素合理、美观的表达，即选择适宜的材料，进行合适的加工，经过巧妙的工艺，达成完善的结果。

"肌理"在技术美学中泛指物体的表面形态。任何材料的表面都具有一定的组织结构、形态和纹理。在此是指建筑物表面的组织结构、形态和纹理。由于建筑材料的多样化，以及施工中工匠技巧的熟练度差异、工具差异和施工方式的差异，使得建筑物在最后的成果中表现出不同的表面肌理特征，给人以不同的质地感受，包括粗糙与光滑、坚硬与柔软、明亮与灰暗、温暖与冰冷……或细腻，或粗犷，或古朴，或华丽……创造不同的美感。相同材料经过不同工艺的雕琢、组合，就会产生不一样的外表肌理，如同传统织物中的打结方式变化产生不同的纹理与质感一样（图3-2）。

在建筑的实践中，建筑的表面肌理有多种技术引发的不同形式。比如材料差异带来的材料性肌理文化，同种材料不同的组合方式带来的工艺性肌理文化，同种材料不同的构造形式带来的构造性肌理文化，等。

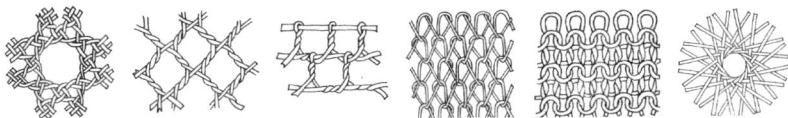

图3-2　传统织物中采用的不同打结方式

1. 技术客体要素与工艺要素——材料技术与工艺

建筑材料和建筑工艺在建筑上作用的结果是产生材料肌理及工艺肌理。材料的不同自然会产生肌理、质感的差异，比如木材肌理、砖肌理、石料肌理等。而另一方面，材料的不同，往往也会影响到工艺的手段，所以两者需要结合起来考虑。

肌理文化是材料、工艺及构造技术带来的表象肌理。其中材料及工艺肌理是建筑材料通过施工后在构筑建筑的同时体现出来的特有纹理，其本身就是一种审美文化。充满个性的各种纹理给人们带来不同的审美感受和时代的记忆。由于建筑材料及施工工艺的多样化，使得建筑在建成后表现出多样的纹理与质感，给人或古朴、或现代、或细腻、或粗犷的感受。

材料选择的不同可以营造不同的文化印象。如乡土肌理：采用土坯砖、夯土墙、红砖、河卵石、片石、原木板条、圆木等；现代都市肌理：采用水泥抹面、铝塑板、玻璃幕墙、抛光花岗石饰面等。同时，工艺也是具有地域性、时代性的，因材料的发展而进步。所以不同时代的建筑会体现出不同的工艺水准，即便是相同材料，不同时代的工艺所产生的肌理文化也会不尽相同。

宋代李诫编著的《营造法式》中就曾记述石作和石雕工艺的具体操作规程，并以此确定了石材表面的肌理。如对石材的加工："根据不同用途的要求，有凿打荒料、扁光、打道、刺点、砸荒锤、剁斧、锯和磨光等。"①石材表面由于处理手法的不同，出现不同的纹理特征，在视觉感受上就会产生差异。

由于建筑材料在施工过程中会采取不同的组合方式，即便是相同的材料也一样会产生不一样的效果，结果给人的感受也会大相径庭。这种建筑表面的材料组织肌理所产生的文化形态，笔者称其为"工艺肌理文化"。正是因为这种文化被广泛地认可，才会产生那么多利用这一文化状态进行创新的建筑师。比如勒·柯布西耶和安藤忠雄（Tadao Ando），他们二人对同一种材料——清水混凝土的使用工艺就存在很大的差别：柯布西耶在建筑的施工过程中故意保留建筑模板的痕迹，让混凝土表面粗糙、豪放，被人称为粗野主义；而安藤忠雄则运用非常细腻的手法将混凝土表面仔细抹平，光亮如镜，仿佛丝绸般细腻。面对同一种建筑材料，两种工艺手法产生了截然相反的肌理，这正是工艺肌理的魅力所在。

---

① 白文明. 中国古代建筑艺术：第4册：材质·工艺［M］. 济南：黄河出版社，1999：1106.

其他类型的材料如砌块型的建筑材料，在建筑的表面肌理表现中主要以多样的组合垒砌方式塑造不同的肌理文化，比如砖和石材的组织手法。

2. 技术主体要素——构造技术

建筑外围护结构的构造同样可以形成建筑外立面的肌理。比如遮阳板、百叶，甚至起结构性作用的钢架节点。"高技派"的建筑往往会以重复的技术构造节点形成建筑表面的特殊肌理，表现出技术的精致与准确，就像蓬皮杜国家艺术文化中心表面交错的网架那样。事实上，只要是合理的构造有韵律地重复出现都会形成别样的肌理。日本建筑师隈研吾（Kengo Kuma）在作品中非常善于"经营"合理的构造单元，使其重复组合、排列，形成建筑富于"表情"的肌理。如他在日本高崎设计建造的停车库那样，他将普通的混凝土预制百叶作为构筑建筑表面肌理的要素单元，将它们变为典型的构造细部，在建筑形态相对单一的体块上大作"表面"文章。由于预制混凝土板与另一种材质的百叶板（磨砂玻璃百叶）采用不同的密度及角度排列，在太阳光的照射下焕发出迷人的效果。表面肌理的光影变换使体型单一的建筑美轮美奂，独具风采。他的另一个作品同样展示了他对建筑表面肌理的充分理解和熟练地把握，那便是位于栃木县那须郡马头町的广重美术馆（Bato-machi Hiroshige Museum），与上一个作品不同的是，在此他选用了当地盛产的天然材料雪松作为主题。他将普通的木材精细地剖切、分割成均匀一致的木条（图3-3），

图3-3 栃木县那须郡马头町的广重美术馆的木条格栅肌理

这些木条通过他细致、精确地排列呈现一种不可名状的美感，并将室内空间的光影赋予了生动的活力。这样看来，建筑围护结构的构造做法同样是建筑表面肌理创造的重要途径。

3.2.2 构件文化

构件文化源于技术的主体要素——构造技术。建筑构件是构成建筑空间形态的"构造短语"。这些"短语"具有一定的程式规律和反复出现的频率，因此给人印象深刻。比如中国古建筑上的斗拱、反宇大屋顶等。

中国传统古建筑中大木作上的斗拱这一受力、传力构件正是源于传统的榫卯构造方式。木料与木料之间，巧妙的搭接构造技术令人叹为观止，斗拱正是这种做法的集中表现。斗拱是传统木构架建筑大木作中非常重要的一个建筑构件，所处位置特殊，上承屋檐、下接立柱，是一个传递屋宇重量的受力构件，同时还可使屋檐出挑深远，屋宇形态轻盈优美（图3-4）。其自身突出体现了构造技术，同时层层叠叠地组合，光影变化丰富，使它成为少有的美化装饰构件，并衍生出等级尊卑的含意。斗拱这一构件文化正是中国古代大木作构造技术产生的单元形态。

中国古代传统木构架建筑的大屋顶也是中国古代建筑最具特色的建筑构件之一，颇具优美曲线的大屋顶成为中国古建筑的文化特征之一。轻盈欲飞的曲线屋面正如《诗经·小雅·斯干》中形容的堂之美："如

图3-4 "飞檐翘角"的屋檐——山西五台山显通寺钟楼

跂斯翼，如矢斯棘。如鸟斯革，如翚斯飞。"① （注释：有德行的人所住的屋宇，如其人的正立，箭矢的直趋，栋宇檐阿，又像鸟翅翻飞②）。言其大势严正的同时，屋顶已然是飞翘的屋檐如雉鸡欲飞的翅膀，形容反宇曲线大屋顶的优美态势。而这种优美形态中暗含了许多的技术要素。在此，笔者认为刘致平的构造说与李约瑟（Joseph Needham）的功用说都是具有说服力的。刘致平《中国建筑类型及结构》一书中指出："中国屋面之所以有凹曲线，主要是因为立柱多，不同高的柱头彼此不能划成一直线，所以宁愿逐渐加举做成凹曲线，以免屋面有高低不平之处，久而久之，我们对于凹曲线反而以为美。"③说明屋宇的具体构造做法创造了其形态文化。

由于建筑构件的重复性强，所以在组成建筑实体的各部分构件中，许多成为极具代表性的文化象征，并具有一定的装饰美化作用。它们在建筑的整体中非常突出，甚至可以成为一个时代建筑文化的形象代表。除已然成为中国古建筑图腾的斗拱之外，还有古希腊神庙中的华丽柱廊（图3-5）、古罗马的穹顶、哥特建筑的飞扶壁……

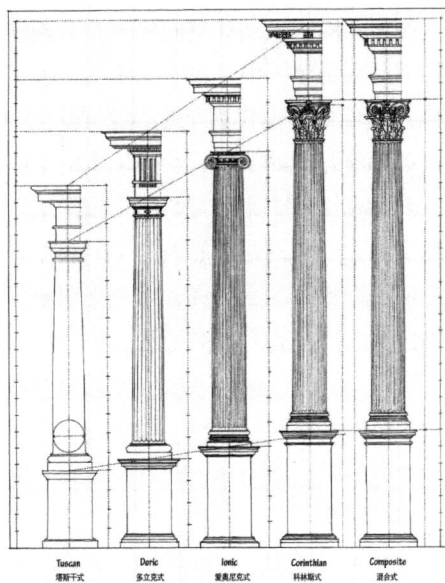

图3-5　希腊、罗马古典柱式

① 李国豪. 建苑拾英：中国古代土木建筑科技史料选编［M］. 上海：同济大学出版社，1990：353.
② 赵广超. 不只中国木建筑［M］. 上海：上海科学技术出版社，2001：92.
③ 李允鉌. 华夏意匠［M］. 北京：中国建筑工业出版社，1985：222.

3.2.3 空间形态文化

1. 技术客体要素——材料技术

对于建筑空间形态文化的影响，材料技术的作用是不容忽视的。比如古罗马时期的穹顶，是天然水泥的使用才得以将穹顶的尺度加大、增高；比如砖的使用，在其作为承重材料的时候，只能建造低矮的建筑，但它可以利用拱的构造方式增大跨度，从而改变建筑形态；再比如木材的使用，其自身的长度与特性决定了那些梁架体系单位"间"的尺度不会太大，直到工业革命之后，西方建筑形态才在钢材与混凝土的使用中挣脱了传统形态的束缚……种种现象证明材料的差异影响建筑空间形态，这种影响体现在以下两个方面：

首先，材料技术对建筑空间形态的作用主要体现在其自身力学性能对结构技术的支持。材料的力学性能差异，会导致建筑结构体系的发展大相径庭，因为其决定了它能够最大限度地承担怎样的跨度、高度，进而影响到具体的空间形态。正是技术材料、结构的不同，使中西传统建筑的内部空间形态出现明显的反差：那便是"敞与闭""灵与固"的差别。因为中国传统建筑发展了木质材料建筑体系，一系列梁架结构的使用，发展出大跨度空间，同时出现对空间的灵活分割和平面柱网尺寸的标准化。但是在西方的历史建筑中，石头建筑的发展更占主要地位。西方人认为用石头砌筑的四周墙体作为承重体系是天经地义的[1]。同时因为建造技术受到石头自身跨度的限制，使得建造的空间相对封闭，从而使得西方建筑在一开始就倾向于比较封闭的空间形式。这与中国古建筑在结构体系上截然不同，中国古建筑的内部空间相对要开敞得多。立柱与梁架的组合，令墙体不再有承重之责，相对来说内部空间分割要灵活得多，与外界分隔作用的围护界面相对通透、灵巧，构件的组合多样，墙、窗、门可以根据需要随意互换：因组成方式不同而有亭、榭、堂等之分。而西方石造建筑内部空间则相对固定化。

其次，材料对环境的适应影响建筑的空间形态。中国古代建筑屋面材料就影响当时双坡屋顶的坡度。《周官·考工记》："匠人为沟洫，葺屋三分，瓦屋四分。郑司农注云：各分其修，以其一为峻……"[2]说明自古修造房屋时，对于材质不同的屋面会选择不同的坡度，为的是利于排水。在围护结构上，土坯材料的使用促使屋檐要"深远"（图3-6），

---

[1] 王贵祥. 东西方的建筑空间 [M]. 天津：天津古籍出版社，2002：434.

[2] 李国豪. 建苑拾英——中国古代土木建筑科技史料选编 [M]. 上海：同济大学出版社，1990：49.

图3-6　山西五台县南禅寺大殿

以便保护墙体不受雨水侵蚀；同时建筑需要建造台基，以便防潮。这样，从材料的使用上就直接影响了中国古建筑的空间形态立面三段式的形成：坡屋顶、飞檐、台基。

2.技术主体要素——结构技术、环境控制技术

1）结构技术的作用

建筑结构是构筑建筑空间形态的灵魂。有多少建筑的形体美源自于建筑结构的真实形态？木构架、拱券（图3-7）、梁柱、框架、钢结构……

图3-7　哥特建筑结构文化

19世纪以来是建筑结构大发展的时期，由于钢铁材料的大量使用，从19世纪中叶的"水晶宫"，到19世纪末期的埃菲尔铁塔、机械馆等，

都展现了新型结构的魅力。同一时期，框架结构也得到了巨大的发展，建筑空间不再受结构的限制而可以更加灵活、自由、合理地布置。并且，在进入20世纪以后，玻璃方盒子的简洁成为新时代技术特征的代表。

回顾西方建筑的发展，19世纪末开始出现高层建筑，到20世纪中期得到普遍发展。框架体系以抗竖向荷载为主，抗水平荷载的刚度、强度较低，无法建造20层以上的更高建筑，此时应运而生一些其他的结构体系，如：剪力墙体系、框架-剪力墙体系、筒式体系等，如美国芝加哥于1974年建成的威利斯大厦（原名西尔斯大厦），高442.3米、111层，采用束筒体系。该结构使建筑在高度上有了巨大的突破，建筑从匍匐于大地，发展到了直插云端。此外，大跨度结构的发展也在20世纪30年代末开始繁荣。钢筋混凝土薄壳空间结构、悬索结构、网架结构等，使特殊功用的建筑，如体育场馆，空间越来越大，建筑的外部空间形态更显示出其结构的新颖与时代的风貌。还有张力膜结构、悬挂结构、充气结构等，尤其是充气建筑创造了前所未有的大跨度空间，而安装、拆卸、运输又方便，成为大型场馆的新形象。

结构技术的差异令中西方古建筑空间形态迥异。中国木构架古建筑由于采用梁架结构体系，使其具有固定的空间模式——以"间"为单位，"间"与"间"之间可拼接，可纵向、可横向发展，内部空间却永远是矩形平面的组合，规矩而内敛，从未发展出像罗马浴室圆形穹隆下那样的流动空间，或像哥特建筑式的高耸空间。虽然木构架单元模式存在局限性，但其又有灵动的一面，即平面展开的随意性和组合方式的多样性。

2）环境控制技术的作用

环境控制技术包括采光、通风、保温、隔热等一系列为创造舒适的建筑室内环境、适应地域气候的建筑技术。地域的环境控制技术是塑造地域建筑空间形态的重要因素。

由于地域性自然环境的差异，那些采用地域性环境控制技术的建筑表现出富于个性特色的空间形态，从而产生因地理位置变化而形态不同的民居建筑形态，单就中国各地区花样繁多的民居建筑就可以看到建筑空间形态的巨大差异。在中国幅员辽阔的土地上，"生长着"多样的民居，犹如不同气候带的植物一样，在不同的自然环境中，选取不同的建筑材料，采用不同的环境控制技术，"生长"出不同的姿态。

如中国新疆及内蒙古地区的毡房（图3-8～图3-10），是一种从平面到立面，形体都十分简洁的建筑，具有浓郁的地方空间形态特色。这

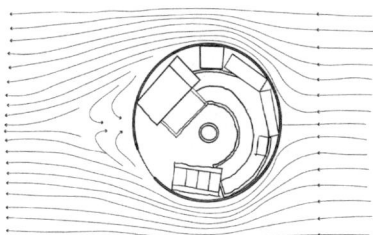

图3-8　毡房风环境平面示意图

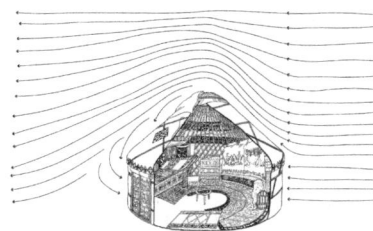

图3-9　毡房风环境剖面示意图

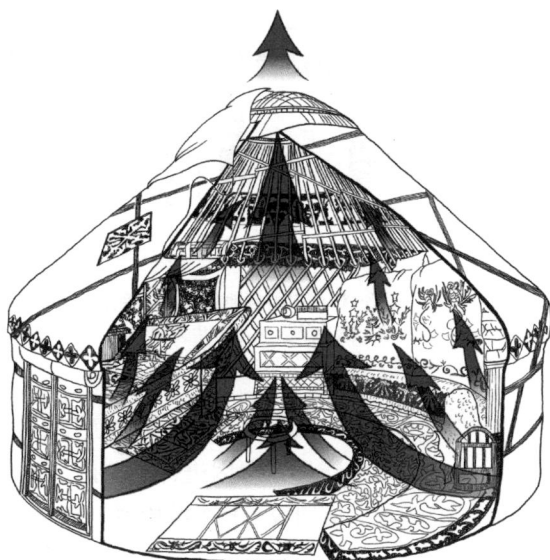

图3-10　毡房内部通风示意图

种地域特色空间形态的产生，得益于当地的传统环境控制技术。为了适应当地的气候，人们要求建筑具有抗风、避寒等功能，因此除了从材料的选择上注重结实、保暖外，在空间形态上更注意应对草原上来自任何方向的风力。毡房的空间形体无论哪面都呈圆弧形，对来自任何方向的风都能以最小垂直于风的面去承受，所以正面受力很小且能将局部受力均匀地传递到其他各部位去分担，这样抗风力极强。建筑的顶部则做成42°左右的坡形，泄水迅畅且抗风性强。

中国民居中传统四合院建筑也同样有环境控制技术要素在其中起作用。单就四合院这种阴阳虚实相辅相成的院落空间来说，就体现了解决建筑的日照、通风、保温、隔热、净化空气等环境控制技术的作用。此外，随着地理空间的差异，四合院中的院落空间在大小、长宽比例上都会发生变化。有长方形、正方形的院落，也有到南方发展为"天井"的院落（图3-11）。虽然大小有异，但综其缘由主要是为了改善居住环境的"微气候"，解决日照、通风、保温、隔热等问题。比如山西晋中南地区的四合院多为长方形，长宽比多为2：1，晋南地区接近1.5：1，汾西地区多为1：1。因晋中地区一年中有5个月被风沙肆虐，狭窄的院落可以有效地遮拦风沙；而在陕西中部黄土台塬地区的四合院同样以2：1的形式建构，此目的除了防风沙外，还可以调节小气候，避免夏季烈日的暴晒，降低居住环境的温度。

图3-11 中国各地民居由于采光、通风的技术要求形成不同的间距，使南北民居内庭院的长宽比例及大小产生差异

中国传统古建筑的空间形态中，长期有一些中外学者对大屋顶的优美曲线形成原因进行了探讨，其中有自然崇拜说、天幕（帐幕）发展说、使用说、技术结构说、美观说等，其中最有说服力的，当属使用说与技术结构说。英国著名学者李约瑟在他的《中国科学技术史》一书中指出："不论我们对帐幕学说的想法是怎样，中国向上翘起的檐口显然是有其尽量容纳冬阳和减少夏日的实用效果的……向下弯曲的屋面，另外一种实用上的效果就是可以将雨雪排出檐外时远离台基而至院子之中。"[1]于是形成被称作"飞檐翘角"的屋檐。这证明了中国古建筑形态上存在环境控制技术作用的结果。此外，其他的一些技术同样也会影响到建筑形态文化。比如防火技术对中国江南民居建筑形态文化的影响，使马头墙成为区域特色的象征（图3-12）。

图3-12 浙江塘栖古镇民居的马头墙

---

① 李允鉌. 华夏意匠［M］. 北京：中国建筑工业出版社，1985：221.

3.2.4　景观文化

文化景观在德伯里（H. J. de Blij）著的《人文地理：文化、社会与空间》一书中的定义是这样的："文化景观是由各种文化特征集合在一起构成的，它是对某一地区文化的各种印象和感觉的集合"[①]。而景观文化就是指某一地区特征景观集合的文化表现。其中包含三个层次：建筑单体空间形态、肌理在综合景观上的作用，建筑群体的组织空间形态，以及建筑群体与自然环境的关系状态。

建筑群体景观文化是由多个建筑单体组合构成的，所以建筑单体的空间形态对最终组成的群体景观形态影响重大。又因为材料技术对建筑单体的空间形态形成起了很重要的作用，所以材料技术对建筑群体构成的景观文化同样意义深远。由于前文已经论述过技术客体要素——材料技术——对建筑空间形态的作用，这里不再赘述。下面仅对技术系统中主体要素（环境控制技术与防灾技术）对景观文化的作用加以论述。

1. 环境控制技术对景观文化的影响

环境控制技术对于建筑群体景观的影响主要体现在建筑单体朝向、空间组织肌理和聚落的选址上。比如中国地处北半球，为适应常年冬季偏北风、夏季偏南风的主导风向，所以中国古建筑不仅要求在环境上北、东、西三面环山，南面略微敞开，而且为了避免寒风，建筑的朝向也选择坐北朝南。如此形成的聚落景观文化呈现出一定的相似肌理。

沙漠地区的聚落空间组织肌理就是环境控制技术作用的典型代表。比如沙漠干旱地区伊朗的民居村落，单不说那些为了通风、降温的风塔给聚落带来的独特天际线，为了营造更多的阴影空间，减少建筑物被阳光直射的面积，民居之间的距离尽量缩短，两户之间可以共用外墙，巷道异常狭窄、曲折，以营造更多凉爽的阴影空间，并经常会在狭窄的巷道上方建造泥质的撑墙（拱壁）（buttress），这些撑墙同样在狭窄的巷道里投下阴影（图3-13），这种特征的构造也成为这一地区独特的地域景观文化。这种密集的聚落景观在中国的喀什地区也存在，经常有过街楼横亘于窄窄的巷道上方，给巷道增加了很多的阴影空间。

在聚落选址方面，中国传统"风水"说实质上包含了两方面的技术：其一为环境控制技术，其二为防灾技术。所以中国传统的"相地"主要

---

① H. J. 德伯里. 人文地理：文化、社会与空间［M］. 王民，王发曾，程玉申，等，译. 北京：北京师范大学出版社，1988：155.

图3-13 伊朗Kashan，狭窄的街道横贯着泥造的撑墙

目的之一就是创造适宜的小环境。"风水"学相地术中完美的小环境标准，都可称得上是一个完整的小气候单元。

周代出现的"相宅"，后称"风水"，是一种传统"堪舆学"，是中国古代相地的技术，给用地进行等级评价。其程序为：第一步"陟"，即登临跋涉选址；第二步"观"，即全面巡视，对比观察；第三步"度"，即实际勘测、衡量，选择最佳地址。在其指导下选址建屋表现出聚落生态系统对自然环境的适应性。"以山为依托，背山面水"是作为"吉地"的基本特征，因为背山可纳气、藏气、生气，同时可以接纳阳光，阻挡寒流；面水可以使气"界水止"，为聚落环境创造饱含生机的生存条件。最终的目的是保护小环境的生机不散失（图3-14）。而每每有建筑建造或是城池建设都要请风水先生相地，《黄帝宅经》中的"大地有机说"强调"宅以形势为身体，以泉水为血脉，以土地为皮肉，以草木为毛发，以舍屋为衣服，以门户为冠带。若得如斯，是事严雅，乃为上吉。"该书认为居住环境像人体一样，是一个有机体，各部分之间应相互协调。只有各部分都运转正常的情况下，才可称得上是理想环境。一个三面环山，水口紧缩，中间微凹，山水相伴的理想风水环境，实际上是一处较为完整的微观地理单元，它所呈现的景观文化特征显示了中国传统的文化精髓。比如陕西省韩城市党家村，坐落于黄土高原的一个小型冲沟里，为了躲避冬季寒冷的西北风，同时形成一个温暖的小

图3-14 中国传统建筑的宅第景观 北宋画家王希孟《千里江山图》卷中所表现的宋代住宅

气候，村落建设在小河的北岸阶地上，遂生成村落与周围环境的总体景观。

2. 防灾技术对景观文化的影响

1）群体组织上的体现

防灾技术在一些特定时期不单指防御自然灾害，也包括对社会不安定因素防御的考虑。比如陕西省韩城市党家村，就是以防御技术为主要特色的聚落景观，是一座保存完整、工艺精巧的古村落。整个村落的景观特征由两项技术所决定的：其一是选址技术，其二是防御技术。村落内部整体空间形态在陕西黄土高原上非常与众不同，远不像一般西北村落那样分散和不规整，村落街巷出奇的狭窄（尺度更像南方小镇的街巷），并且整齐划一，宅院高墙壁垒，正是防御技术在村落空间组织肌理中的体现。防御技术对于建筑景观文化的影响实例还有很多，比如中国福建省的客家土楼，还有中国自古修建的大小防御设施，如万里长城、城墙等。在其他国家也同样存在这样的实例，比如欧洲中世纪的古堡、日本的姬路城天守阁等。

此外，其他的一些技术同样也会影响到建筑形态文化，比如防火技术对于中国江南建筑形态文化的影响。由于华南地区建筑多采用木材作为建筑材料，同时建筑布置较密集，一旦失火容易蔓延，于是风火墙就出现于每一座民居建筑的山墙上。当这些民居建筑相互紧邻、不拘形式地组织在一起，这里的建筑群整体上部的空间形态就勾勒出了独有的天际线，成为当地特色的景观文化。

2）群体与环境关系上的体现

防御自然灾害的技术主要体现在控制聚落与自然环境的关系上。前文已经介绍了中国传统"风水"的两个主要目的，其中的防灾技术对中国传统聚落选址影响深远。

在中国古代，"风水"中的"堪舆"术对百姓的生活影响很大。大到一座村落的选址和布局，小到一幢民宅的建造，甚至村落的道路修缮和村落理水，无一不受到"风水"理念的左右。现存的中国古村落均体现了中国传统"堪舆"技术造就的景观文化。因为"堪舆"首先要满足居者的生存和安全，比如：足够的可耕地、避水害、良好的小气候及避开人为因素的危险等。而"风水"中的"风水宝地"讲究"水、道、池、丘"的模式，所创造的"小气候"也正是符合中国气候特点和中国封建社会以农业为主自给自足的小农经济的生产生活方式。所以择地、相宅才会在中国封建社会中备受推崇，因此造就了一大批包含此理念的聚落景观。中国现存的许多古村落依然完好地保持了这种景观风貌。

中国古代形成的城池选址规则同样体现了趋利避害的思想。将防止自然灾害与人为因素的危险统一于一体，形成独特的景观特征："凡立国都，非于大山之下，必于广川之上；高毋近阜，而水用足；下毋近水，而沟防省"——《管子·乘马》。这种最初对于都城选址的原则规范，是针对建设都城的安全及生活必须考虑的，在发展中逐渐形成了山水园林聚落的观念，展现了古城的山水景观文化特色。

4　建筑文化对技术作用的反馈

建筑文化的发展变化，最突出展现于空间形态的变化，而建筑的空间形态的变革往往始于建造技术的革新，如新型材料的使用、新的结构类型等。建筑文化的造型机制取决于用材，源于建筑材料的革新和结构类型的发展，所以材料技术成为建筑文化发展的一个突破口，这一点从中西方建筑的形态发展变化中可以看到。

在中国古代建筑的发展历程中，台基的演变可以看出技术的发展。因为中国传统建筑一般以土木为材，所以其个体造型大致是由三大部分组织起来的，即：台基部分、屋身部分和屋顶部分，其中屋身部分包括立柱、墙体与门窗。由于木材是中国古代建筑屋身的主要建材，为了保护屋身部分使其更加坚固长久，台基就显得尤为重要，于是台基成为木构架传统建筑的基本特征之一。随着时间的推移，其他用材不断被应用和普及，至近代，随着人们对西方建筑材料和结构的接受，台基也随着新材料、新结构的到来而逐渐消失，从而改变了传承已久的"三段式"建筑立面模式。

在西方的建筑发展历史中，很多突出的建筑文化现象都是技术使然。比如西方现代建筑的出现，就是工业技术革命的代表。工业革命后的工业化过程被称为"第一机械化"过程，或者称为"第一机器时代"。这一时期的工业技术推动了建筑文化的"机械化"发展，从而出现了一个时代的文化产物——现代建筑。在20世纪60年代末期，被称为"第二机械化"或者"第二个机器时代"的开始。这个新时代的来临在建筑上立即就有所反映，后现代主义建筑的出现，显示了一种态度：企图以古典主义、折中主义方法逃避这个时代的特征。也说明在对于新技术猛烈冲击的时代，建筑文化发展中的徘徊期还没有找到合适的"形体语言"来诠释新技术；与此同时"高技派"风格则是积极地反映这个时代的技术特征，试图以新技术最直接地应用来解决技术与建筑文化的冲撞，这是"高技派"积极的一面。"高技派"用一种极具个性的手法，突出展示新技术的时代特征。当时真正震撼世界目光的是意大利建筑师伦佐·皮亚诺（Renzo Piano）和英国建筑家理查德·罗杰斯（Richard George Rogers）在1971~1977年设计的"巴黎蓬皮杜文化中心"（图4-1），"这个建筑使用了德国建筑家马克斯·门格林豪森（Max Mengeringhausen）发明的，使用标准件、金属接头和金属管的'MERO'结构系统作为建筑的构造……"[①]电梯完全被巨大的玻璃管包裹，外悬

---

① 王受之. 世界现代建筑史［M］. 北京：中国建筑工业出版社，1999：379.

图4-1 巴黎蓬皮杜文化中心

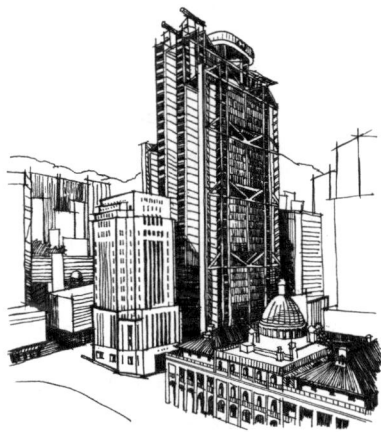

图4-2 香港汇丰银行大楼

于建筑表面，整个建筑基本是金属架组成，暴露所有的管道，涂上鲜艳的色彩，以建筑的节点构造成为整个建筑外表的形式母题。技术的手法、细节一览无余，将技术的创造过程毫无遮拦地作为最后的展示。崭新的建筑文化形式彰显的是"第二机械化"时期技术发展中的个性体现。随后诺曼·福斯特（Norman Foster）于1979～1986年设计的香港汇丰银行大楼（图4-2），也是"高技派"风格的杰出作品之一，并成为"高技派"宣言。如此众多的现象说明建筑文化随时对技术的进步进行反馈，这样，建筑文化在建筑技术的作用下，随着技术的发展显出一些对应文化特性，并在发展中保持一定的规律性。下文分别对这两方面进行论述。在论述过程中，为了强调所探讨的建筑文化是建立在建筑技术之上、受建筑技术影响和作用的那部分文化现象，故采用"建筑技术文化"一词来表述这一概念。

4.1　建筑技术文化特性

建筑技术的本质在于人在实践的基础上形成合乎规律与目的的统一，是人的自身力量通过自由自觉地创造活动的感性的对象化。建筑技术这种合乎规律与目的的统一之美是建筑技术文化的本质，是"真""善"的统一。由于建筑技术文化本质的不同，使得建筑技术文化显示出其独有的特征，如"人本性""目的性""逻辑性""时代性""依附性"等。所有的特性都是合乎事物的发展规律、合乎技术的服务宗旨。

4.1.1　建筑技术文化基本特性

1. 目的性

建筑物是以一个目的的概念为前提的，建筑技术文化原本就是为了某个目的自律性的、同质性的技术的集合。技术的共性是：一切技术都以有效的行动为目的。贝尔纳·斯蒂格勒给技术下的定义是："技术就是以生命以外的手段延长生命"，说明了技术为人类服务的目的性。技术的产生是有目的的，技术所产生的建筑技术文化同样具有目的性。在人类最初的简陋庇护所中，已经明确了技术的有效性是达到人类生存目的的前提条件，而建筑在技术完成其使命的同时被赋予了同样的目的——作为技术的结果。当人类社会进入社会分工以后，建筑的目的性也随之增多，而每一种目的都需要相应的技术予以支持，最终体现的建筑技术文化具有明确的目的性。

19世纪中叶，美国建筑师格林诺夫（H. Greenagh）在他的一篇文章《形式与功能》里说："适合性法则是一切结构物的法则……我们赞成用'美'这个词来表示形式适合于功能。"并直截了当地说："我把'美'定义为功能的许诺，行动是功能的存在，性格是功能的纪录。"建筑技术本身的功能性不正是美的表现吗？建筑技术文化突出了技术的功用，若技术本身失去了真实的意义，这种文化现象的存在就失去了与其时代、社会相联系和生存的依托，不可能有大量的存在和展现，只能在很少的地方作为对过去文化的欣赏和怀念，成为"古玩"般的观赏物件。此时的建筑与实际生活已经相去甚远，如古建筑的保护等，并非为现实生活的功用，而是为了一种情感的寄托和文化的保存。

此外，建筑技术本身的目的就是服务于人类、解决使用功能问题。建筑本体体现了建筑技术明确的目的性，此为建筑技术依附于建筑本体存在的意义。

2. 逻辑性

技术的逻辑性是其达到目的的根本。建筑技术文化因技术的逻辑而具有逻辑性，技术的逻辑性是结构稳定性的基石，符合力学原则是建筑艺术的一个基本本质。所以，逻辑性是建筑技术文化的一个特征。

因为技术逻辑性而使得建筑形态具有随时代无法改变的特征，如古希腊雅典卫城的神庙。那些珍贵的古迹可以被精确地复制，但都不能有所改动。为什么？如柱子可能更粗壮一点，柱间距可能更宽阔一点，形式更丰富一点，但是整合所有这些部分的定式并没有变。这说明了当时的技术局限性，由于当时建筑材料的局限，石材的抗弯性极差，所采用的结构形式又是简单的过梁，跨度小且危险，所以为了安全起见，跨度绝不能过大。事实上"希腊人从未造出过大于15哦（希腊长度单位，1哦≈1.85米）的跨度"①（图4-3）。希腊神庙的山墙是石造建筑局限性最明显的例子，柱间距决定于石额枋的跨度能力。然而，正是因为这些边柱间较小跨度的柱廊增加了建筑的艺术效果。边跨额枋和其他额枋长度相等，而并未增加半根柱子宽度。即使用现代的施工技术，如果采用相同的建筑材料来复制这一建筑形式，柱间距仍然不会增大，因材料的受力性能已决定了其石额枋的最大跨度。这种力学的逻辑性决定了当时的建筑艺术风格，周遭排列整齐的柱廊，成为富于韵律感的古希腊建筑文化的代表。建筑技术文化的逻辑性受时代技术发展程度的制约，如埃及著名的卡纳克阿蒙神庙的多柱厅（公元前14世纪～前13世纪建造），同样显示了如同希腊神庙立面的梁柱比例，那正是石材最大的受力跨度束缚所致（图4-4）。

中国古代木构架建筑同样明确显示了技术的逻辑性。清晰理性的特点展现在建筑的各个侧面。"中国的木结构殿堂以立柱和架在柱头上水平方向的额枋构成墙面骨架，开间比例扁方，与希腊神庙开间的狭高不同，显示了木材建筑与石材建筑符合材料本性的比例特性……"②

当建筑历史迈入"现代"阶段时，现代建筑中高层框架结构柱网排

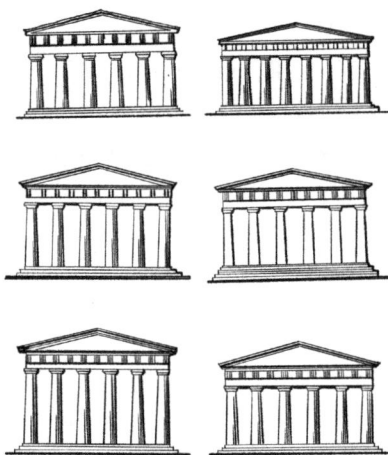

图4-3 无法改变的特征：密密的柱廊，柱间距决定于石额枋的跨度

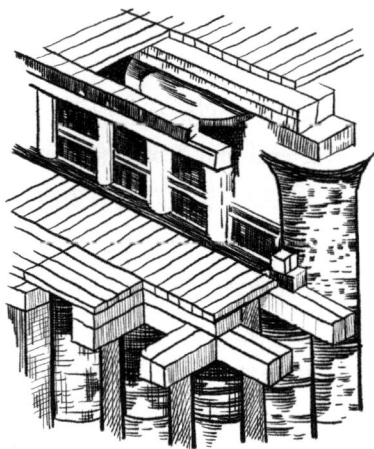

图4-4 埃及阿蒙神庙的柱厅鸟瞰复原图

---

① 布罗诺夫斯基. 人类改造自然 [M]. 伦敦：麦克唐纳出版社，1965：208.
② 肖默，王贵祥. 建筑意 第2辑 [M]. 北京：中国人民大学出版社，2003：140.

列的规律性，进一步证明了逻辑性的必然，柱间距与梁的厚度之间同样存在合理的逻辑关系。

3. 依附性

建筑与建筑技术的关系很绝妙，如"水借山而成瀑"，建筑技术（包括材料、构造、结构等）凭借建筑本体来体现其固有价值。换句话说，就是所有的建筑技术都需要凭借建筑本体来存在、体现。形式是结构存在的可能，建筑本体是技术文化依附存在的客观实在。建筑技术文化必须依附于建筑本体形态而得以表达，就是建筑本体是建筑技术文化的客观载体，也只有在建筑本体上才能充分展现其应有的价值。所有的性状必须通过可视的客观实体作为载体，如同生命体中基因最后需要通过蛋白质来表达一样。因此，建筑技术文化具有很强的依附性。

4.1.2 建筑技术文化人文特性

1. 人本性

以人为中心的特性是技术的产生、实施、发展的基础，它所创造的物质产物（建筑）同样是以人为中心的目的结果。技术文化的人本性强调人在技术的产生、实施、发展过程中的主观能动性和主导作用。所有同质性技术集合的目标，就是解决人与自然之间的介质问题及人与人之间的交往问题。

此外，从技术系统的三大要素——主体要素、客体要素及工艺要素来看，主体要素本身就是指人在技术过程中的能动作用；作为客体要素的建筑材料经过挑选、加工，和工具一样含有人的意识；工艺要素则更是需要一系列的逻辑思维处理后，将所有构成要素进行合理地组织。故此，建筑技术文化首先表现出的是"人本性"。建筑技术文化的人本性具体表现有如下两方面：相同地域不同工艺的建筑技术文化表现，人的个性特征在建筑技术文化中的表现。

1) 工艺差别的建筑技术文化表现

"中国的器物博大，朝鲜的器物静寂，日本的器物秀润……"这是日本工艺学家柳宗悦先生在比较各地工艺时，对不同国家器物所具有的民族特色的赞美。从这里可以发现，同样是陶土，同样是生活中用具，可是却能表露出不同国家的特色，这又是为何？这里非常重要的是"手工艺"，即工匠的"skill"在技术过程中的作用，其中包含人的主观能动——审美意识，因为"skill"的差异和工具的差异都会带来建筑形态文化的不同风格。

相同地域处于同一气候条件下的民居建筑和聚落空间形态往往具有共同的特征，这是由于为适应相同的自然环境气候特征而选择了相同的地域技术。但仍然会存在一些大同小异的情况，那些微小差异的存在，其中有一条很重要的原因就是相同地域有不同"工艺"的存在。因为工艺上更多的决定因素是个体的人，又由于人思维的差异，以及经验、技巧的娴熟程度不同，导致即使在同一地点，由不同的工匠造就的建筑也存在一些微小差异。这些微小差异包括建筑内外装饰构件的形态、色彩、纹理，以及材料的垒砌方式所形成的质感肌理等。比如砖的垒砌方式就有很多种。图4-5是中国古代地面砖的几种铺砌方式，工匠的经验、审美及其对方法技巧的掌握程度，使他们的"作品"五彩纷呈，呈现不同的肌理。

由于中国木构架建筑的发展，随同木构架相伴而生的装饰美化在春秋战国时代就已经开始。"雕梁画栋"是人们形容中国传统木构架建筑精美木雕的代名词。唐诗宋词中亦有大量的描绘，如唐代诗人王勃在《滕王阁序》中就有"画栋朝飞南浦云"的诗句，南唐诗人李煜《虞美人》中也有"雕栏玉砌应犹在"的感慨。可见装饰在中国传统建筑中的重要，木雕工艺自然成为必不可少的部分。由于各地木材材质不同、特性不同及社会环境差异，各地产生了不同特色的木雕风格。至清朝更发展为南北两大帮派，北方有北京帮、山西帮（图4-6），南方有苏州帮、

图4-5 中国古代地面砖多种多样的铺砌方式

图4-6 山西民居中的木雕工艺（山西省晋中市榆次常家大院）

徽州帮，各自形成独特的木雕装饰风格。

尤其是在中国封建时期的广大农村聚落中，工匠没有系统严密的经济实体，多以父子、师徒的方式传承具体的施工、计算、设计、工艺等，带有明显的个人风格，具体的操作过程很少能从史料中寻到。由于匠人之间对行业秘密的保守，以及没有史料可寻的状况，更增强了个人风格的特性。

2）人的个性特征在建筑技术文化中的表现

人的个性特征的差异尤其存在于人的个性审美和喜好方面。在古代时期的建筑上，由于建筑施工条件的限制，更多地体现工匠的个性"手艺"。比如在中国封建社会时期的民居建筑，特别是江南民居中体现木匠制作手艺的木雕花窗，那真是百花齐放、各有千秋。西方古代建筑中的石刻一样记录了工匠各自的喜好。在进入工业社会后，机械化生产统一了建筑材料的尺寸规格，在更多方面表现的是整齐划一的工业化形象，也同时抹杀了手工艺中的个性特征。然而，即使是现代化的施工条件，同样会有个性特征的探索，如"粗野主义"，就是以勒·柯布西耶为代表的一种个性特征手法：采用脱模以后不加粉饰的混凝土墙面，保留混凝土模板粗糙的痕迹。这些在日后不但成为他的设计标志，也成为工业时代建筑文化特征的一个突破，这样的粗糙肌理可以体现新的时代审美，是针对混凝土材料的一种个性特征工艺表现手法。所以说在建筑上，无论何时何地，都可以表现人的个性技术特征。

2. 等级性

等级性只是在阶级社会中技术的繁简程度、材料的优劣等折射出的社会现象。英文中建筑（architecture）一词起源于古希腊，是由希腊文中"最重要的""第一位的"或"巨大的"（archi）与"技艺"（tekt）结合而来。这意味着在古希腊的历史中对建筑的认识是表达那个时代中最好的、最重要的技艺，建筑代表着成就。在西方古希腊、古罗马时代的建筑中，等级性表现在对财富的彰显以及对神明的尊崇，并以最重要的、第一位的技术予以表达。"古希腊人眼中的建筑，并不是指那些普通人日常起居的房子，希腊建筑一般所指，那些献给希腊诸神的庙宇"[①]。正如雅典神庙和罗马斗兽场。

在中国古代，建筑却含有更丰富的意义："夫宅者，阴阳之枢纽，人伦之轨模。"房屋更要担当起"礼制"的角色。古代中国社会，"礼"一直是被当作指导思想来统领国家的治理。"夫礼者所以定亲疏，决嫌疑，别同异，明是非也。"——《礼记》。君臣与父子、等级与伦理，都要以礼为标准。在中国传统建筑上，技术的选用是有差别的。如唐、宋、明、清屋舍之制对文武百官和平民的屋舍建造都有严格规定，以采用的技术差别来区分等级尊卑。在中国封建时期，建筑材料的使用也存在严格的等级限制，琉璃这种在建筑装饰上最优越的材料被皇家所垄断，从而促使砖雕广泛在民间获得发展，如山西现存民居中大量的精美砖雕（图4-7）。

图4-7 山西民居中的砖雕装饰（山西省晋中市榆次常家大院）

---

① 王贵祥. 建筑的神韵与建筑风格的多元化［J］. 建筑学报，2001（9）：35-38.

等级性存在于各阶级时代的建筑上，它们是通过建筑技术来完善和表达的。无论是西方古典石造建筑，还是中国封建社会的传统木构架建筑，在技术上都存在阶级差异，以区分建筑的等级、功能及使用者的社会地位。具体表现在材料的选择、结构的选择、比例尺度的规定等。在古代的小亚细亚，最普通的建筑材料是泥砖，在太阳底下晒干而不经过烧窑制作，是一种寿命很短的材料，容易因为风吹日晒雨淋而遭到侵蚀。"烧制的黏土瓦片用于包盖较重要的建筑，或仅仅用灰浆和石灰水来保护这类建筑。"[①]这显示出技术的等级地位，好的技术用于重要的建筑物上。

事实上无论是东方还是西方，在阶级社会中，最好的建筑技术一定是被用于最重要的建筑之上。就如奴隶社会时期埃及金字塔的宏大，封建社会时期中国帝王宫阙，欧洲中世纪时期宗教至尊的教堂。由于当时的最好技术都被用来建造当时社会上重要、受人尊崇、具有统治地位的建筑，因此这些建筑明显带有等级特征。正如中国古建筑精华的代表技术构件——斗栱，只能应用到有相当地位的大木作上，而平民百姓的居所只是一处简单避风雨的茅舍。

3. 时代性

技术的发展过程就是人类文明进步的过程（图4-8）。技术是发展变化的，技术的发展成为建筑文化发展的推动力，使建筑技术文化具有时代特征。如果把古罗马沉重的水道桥与现代轻巧如蛛网般的钢架相比，或是把厚重的拱顶与薄壁的钢筋混凝土结构相比，我们就能看出，各时期的建筑形态有多么悬殊的区别。如罗马人采用拱上加拱的技术，建造了远高于希腊人的建筑，古罗马的露天剧场就是最好的例子，它们之间的时代差异不言而喻。

建筑技术的发展给相应的时代带来极具特征的时代建筑文化。建筑技术与建筑的时代风格相对应，这一点从建筑学的定义上即可以看出。"建筑"（Architecture）一词的意义，在牛津字典里的解释为："art and science of building; design or style of building"。我国著名建筑学家梁思成先生指出："建筑⊂科学∪技术∪艺术"，就是建筑是科学、技术与艺术的合集。中文中建筑有多层含义，它既表示营建活动，也表示其成果——建筑物，更是某个时代、某种风格建筑物的技术与艺术

---

① 比尔·里斯贝罗. 西方建筑: 从远古到现代 [M]. 陈建, 译. 南京: 江苏人民出版社, 2001: 4.

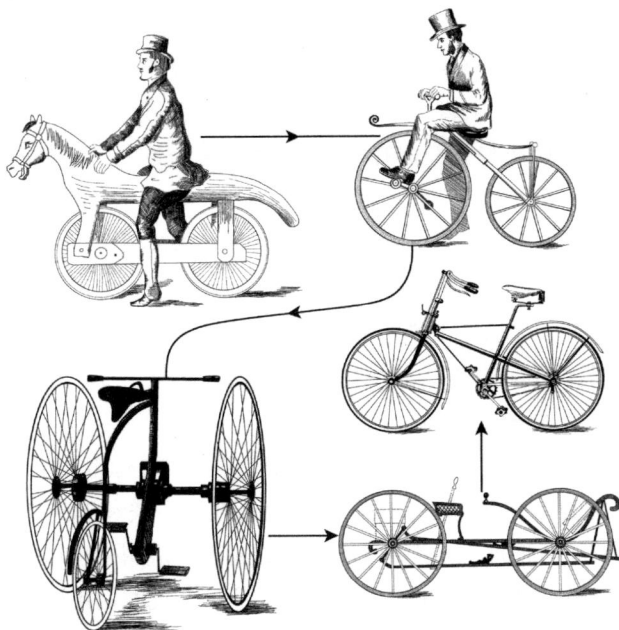

图4-8　技术的时代性特征：技术的发展过程就是人类文明进步的过程

特征的总称。建筑对应于英文有三个单词：architecture，building and construction，它们分别表达了建筑所包含的属性：即人文属性的，有艺术性审美；物质属性的，指建筑的物质状态；还有过程属性的，指建造过程。因为每一座建筑都是一个集合体，它不仅集合了所有组成它的材料、构件，而且集合了当时代的审美思想和建造工匠的精巧手艺。材料的发展是随着社会科学技术水平的进步而有所进展的，同时工匠的审美与工艺变化也是有时代性特征的，从埃及产生人类历史上第一批宫殿、府邸、神庙及陵墓等巨型建筑，到20世纪不断涌现出的生态建筑、智能建筑等，都深刻揭示了建筑的历史及其发展轨迹，同时透视出建筑技术鲜明的时代性。时代的印记被技术深深镌刻在建筑作品上。

1）建筑材料为建筑技术文化贴上时间"标签"

唐朝史学家刘知几说："珍裘以众腋成温，广厦以群材合构"，反映了建筑技术文化成型的基本前提：合群材以构"广厦"。材料是构成建筑的最基本要素，材料使用和加工显示了时代特征。

（1）"拿来主义"——远古时期

人类最开始建造庇护所时是"拿来主义"，采用天然、易取得的材料，比如树枝、泥土、石头等，这一点无论东西方地理环境差异有多大，都是如此。从原始社会出现建筑萌芽开始，建筑材料的发展历经了20万年。据考古学家研究发现，在法国南部发现距今20万年前的人类居室遗址①。该居室以木料构架，四周以兽皮遮蔽，占地40平方米。中国的祖先在远古的时候，曾经住在树上，"构木为巢"，或者利用天然洞穴作为居住的地方。到了距今7000～8000年前的新石器时代，居住方式趋于多样化：广西、广东、云南等石灰岩洞较多的地区，人们仍住在天然山洞里；黄土地带出现半地穴式房屋和原始地面建筑；温热沼泽地带人们多建造源于巢居的干栏式房屋。西安半坡遗址中出土的半地穴式房屋采用木骨涂泥构筑方式，材料仍然是泥土、树枝。

（2）粗加工——1万年前的西亚泥砖出现

在"拿来主义"之后，人类开始对天然材料进行粗加工。距今约1万年前西亚地区建筑遗址表明，人们已经在用石块和泥砖来建造房屋了。中国河姆渡遗址中发现的干栏式建筑遗迹，表明中国在6000多年前发明的木构榫卯技术已经达到相当高的水平。与此时期接近的古代两河流域主要建筑材料是木材、泥砖和石头，古老的美索不达米亚用日光晒干的泥砖，主要是用在重要建筑的外表面上。后来的几个世纪里，烘炉烧制的砖变得普通了以后，砖方才被使用在小型的建筑结构中。古埃及则多采用石头作为建筑材料，金字塔就是那一时期的不朽之作。古希腊最早的建造技术大概也是从西亚传入的，考古发掘表明：公元前20世纪～前14世纪建造的克诺索斯宫，建筑面积达22000平方米，为烘烤过的泥砖和木质结构，有2～3层的楼房。可以看出古希腊最早采用的建筑材料同样是易于处理的泥土与木材，而并非我们今天看到的石垣断壁。这些迹象表明材料出现了粗加工，用简单的方法初步改进材料的形状以适应建造。

（3）精加工——公元前3000～前1750年砖的发明开始

"粗加工"之后，随着技术的发展，人们开始对材料进行"精加工"。随着时间的推移，对天然材料逐步有了进一步的加工。出现了各种砖瓦，建筑的质量、形态和高度等都有了长足的进步。古印度人是最早使用烧制过的砖建造房屋的人，烧砖工艺的发明是建筑史上的一件大事。在印度河流域的考古发掘中最引人注目的是哈拉巴文化时期（公元前3000年～前1750年）的建筑遗迹，建筑物大多是砖木结构。莫卧儿帝国时期（17世纪）建造的泰姬·玛哈尔陵，是我们现在能看到的古印度

---

① 王玉仓. 科学技术史［M］. 北京：中国人民大学出版社，1993：205.

最华丽的建筑，采用的是经过仔细雕琢、磨砺的石材。

中国到秦汉时期（公元前221～公元220年）砖与砖构技术得到极大发展。西周已经出现了铺地砖和瓦，战国时出现了空心砖和小条砖。秦汉时期小条砖逐渐趋向标准化，长、宽、厚的比例为4：2：1，在垒砌墙体时，可灵活搭配，汉代已经能用砖木结构建成四五层的高楼。这一段时期的材料经过更精细复杂的加工变得较精致，而且相对耐久。

（4）材料实质性突破始于19世纪初期胶性水泥的发明

材料发展至19世纪初期有了实质性的突破，那就是胶性水泥的发明。"胶性水泥的生产方法是由英国的约瑟夫·阿斯帕丁（Joseph Aspdin）于1824年研究出来的。当时因为采用的石灰石材在波特兰岛，故取名波特兰水泥。从此，这种高强度、高可塑性，并且廉价的新材料被建筑界广泛地接受。"①水泥在取代了石材、砖等作为建筑的主要承重、围护构件后，古老的建筑材料就转化为装饰材料附于建筑的表面了。

至19世纪60年代，随着生产方法的进步，钢材开始被大量应用到建筑上。到19世纪80年代美国的芝加哥开始出现7层以上的楼房。如果没有钢材，这样的房屋和日后的摩天楼是无法建造的，尤其是在城市用地越来越紧张的情况下，采用石块建造高层的话将会占用极大面积的基础地面。

在西方建筑的发展史上，"现代建筑"②时期绝对是一个世界建筑史的里程碑。而这一时期的建筑文化发展无论从哪个层面上讲，都折射出建筑技术时代性的光芒。水泥、钢筋混凝土、钢铁及平板玻璃等的大量应用给建筑事业带来了勃勃生机，新材料的运用成为这一时期建筑的最大特征。

2）施工工艺的时代性

施工工艺随时代发展，工具的进步以及工匠技艺的熟练等方面，给建筑的表层肌理带来了时代的印记。施工工艺的发展离不开施工工具，工匠的技艺也是随着工具的发展不断成熟的。因此对建筑材料的二次加工所产生的影响会有所不同，直接影响到建筑文化的表层肌理和外观感受。图4-9中所示的工具是俄罗斯封建社会时期一些加工石材的传统工

---

① 王受之. 世界现代建筑史［M］. 北京：中国建筑工业出版社. 1999：102.
② 这里"现代"的时间限定是与现代建筑的内涵相对应的。按《中国大百科全书》解释："现代建筑一词有广义和狭义之分。广义的现代建筑包括20世纪出现的各色各样风格的建筑流派的作品；狭义的现代建筑常常专指20世纪20年代形成的现代主义建筑。"在这里为了分析技术发展与建筑文化的关系，以具有典型性的建筑文化现象为对象进行分析，所以现代的时间范围是指现代主义建筑的发生、发展时期——20世纪20年代。

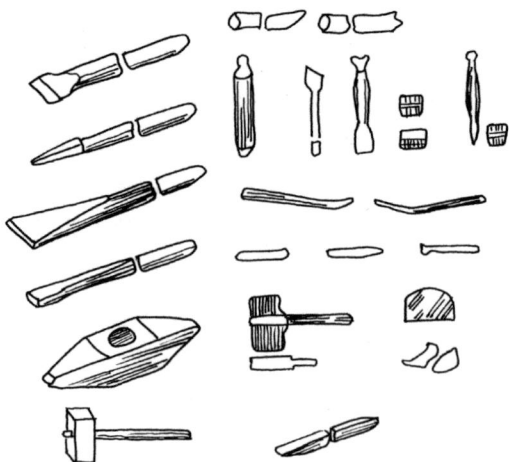

图4-9　俄罗斯封建社会时期加工石料用工具

具，其中有凿平石材表面的工具，还有一些是处理线脚的工具。我们回想那些带着手工雕制花纹的石头建筑，都是用这样的工具，一凿一斧地雕制而成。建筑表面的纹理自然而然显露了工具操作的过程和精度，纹理是不均质的。与此同时，工匠的技艺、对工具及技巧掌握的熟练程度也都表现在了每一块砌筑的石块上。

　　建筑工具的发展变化明显地影响了建筑的选材及施工工艺，中国传统木构架建筑就是如此的结果。在中国古代，"就建筑材料的加工而言，相对石作工程最先发达的是土木工程工具。进入铁制工具特别是钢刃工具的普及阶段后，石作加工工具才发达起来，并很快成型，且一直沿用至今。"[1]因此中国古代木构架建筑才超越其他材料构筑物，最终成为施工工艺最成熟、最完善的建筑体系。特别是从南北朝到南宋末叶这一阶段，中国的 "木工工具全面成熟的阶段，是木工工具发展的高峰期。"[1]这一段时期也是中国古代木构架建筑从成熟走向更加细腻的时期。在我们谈论唐代木构架建筑的雄伟与舒展的时候，绝不能忽视在此前一阶段西汉中期到南北朝末期，是木工工具高度发展期。"表现在钢刃工具的普及，使刃器硬度增强，木材加工能力大大提高……解材制度开始发生质变。"[1]

　　进入工业社会，机械化生产不仅提高了施工速度，而且从加工精度上更加统一、规格化。此后的建筑石材我们看到的是机器加工后精致的

---

① 李浈. 中国传统建筑木作工具［M］. 上海：同济大学出版社，2004：225.

统一，作为建筑外装饰的抛光大理石、花岗岩等材料，显现了机器工艺的精美与细腻。

4.1.3　建筑技术文化状态特性

1. 地域性

地域性环境特征产生相应的地域性技术，同时成就地域性建筑文化。技术的地域性特征之间存在着巨大的差异性，不同的地区、不同的地貌等都会有很大的区别存在，如亚洲的建筑风格迥异于欧洲建筑，寒冷地区建筑与干热、湿热地区建筑的巨大反差，平原地区与山地建筑的明显对比等。而即使是在同一地区，如中国的黄土高原地区，也同样由于经纬度的不同及地貌的变化使得相应的建造技术有所不同，这种差异是在共同拥有黄土高原地域"土"文化特征的前提下存在的差异。每一种形态的产生，无不与当地的传统环境控制技术有关，这样的例子不胜枚举。例如，巴基斯坦南部城市轮廓线上数百的风斗（捕风窗，Windcatchers-windscoops），有如抽象的群雕，给沙漠社区的天际线增添了独特的风景。这种文化景观是源于一种通风技术——为解决当地酷热天气所带来的不适，为得到自然流动的空气而采取的一种本土通风技术手段（图4-10）。这种技术早在古埃及和1200多年前的秘鲁已经开始使用。此种地方技术所体现的地方文化是根植于土地的，所以说技术的地方性支撑了建筑文化的地域性。还有伊斯兰建筑庭院中的水池，那是为了在炎热气候条件下创造清凉湿润的小环境而设的"降温元素"（图4-11）。

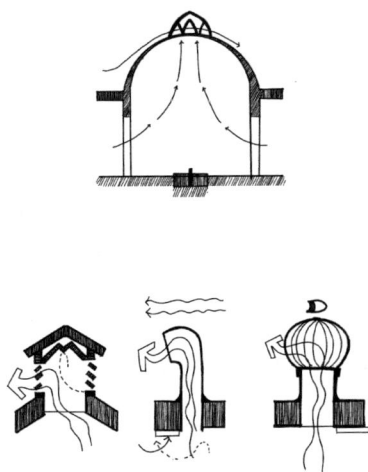

图4-10　"捕风窗"通风示意图

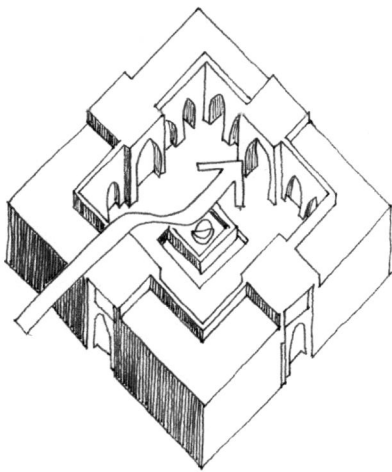

图4-11　伊斯兰建筑庭院中心降温水体

地域性建筑技术文化特征存在以下三种表现。

1）相同材料不同地域的文化表现

相同材料产生不同的建筑文化形态的现象在世界范围内普遍存在。如木材，日本与中国的传统民居建筑都采用木材为主要建筑材料，但在使用中却存在很大的差异。虽然日本的建筑受到中国唐代木构架建筑的影响很大，但在传统民居的建设中仍然发展出了独具特色的小梁密柱式框架结构，经济而且呈现柔性、细腻的空间特征；而中国则是大梁、大柱式框架结构，呈现出相对刚性、高大的空间形态。再如石材和砖，中国古代建筑中石材和砖很少被用来做承重结构，一般仅作为维护结构的墙体，由于木构架体系中立柱与梁架的组合，令墙体不再有承重之责，这使得中国的古建筑空间相对灵活而开敞；而欧洲历史上石材和砖则是用来作为主要承重结构的材料，因此西方建筑中才会出现以"拱"的结构形式组合创造的空间形态，并且由于开始的建造技术受到石头自身跨度的限制，使得西方建造的空间相对封闭。

此外，同一民族在同一地理环境特征的区域内，同样的材料仍然会有不同的建筑形态表现。以中国黄土高原的民居建筑文化为例：由于黄土高原特殊的侵蚀地貌，使这一地区出现塬、梁、峁、沟壑等复杂的地貌景观。这样在同属于黄土高原的地域内存在形态各异的微环境差异，当居民的村落散布在广大的黄土高原上时，每一个村落的小环境都迥异于其他的村落环境，而每一户民宅都在不同的环境下建造。由于这种地貌的差异，同样面对"土"材料，使用的方式方法大不相同，形成中国黄土高原几种典型的民居文化。"土"材料的使用方式随地貌的空间分异而发生变化，主要分三种方式，在空间分布上存在差异。如在丘陵地带直接"挖土为窑"或"箍窑覆土"，在黄土台塬地带采用"胡其"（土坯）建造房屋，在河谷阶地则用土烧砖作建筑材料。其分异状况与地貌空间分异规律是相符合的。如陕西黄土高原境内民居形态的分异，纬向分异由南向北依次为：房居——房居+窑居——窑居；经向分异由东向西依次为：房居——房居+窑居——窑居；垂直分异由低向高依次为：房居——房居+窑居——窑居。

2）"就地取材"与地域建筑文化的特征

运用天然材料"就地取材"，这是不同地域建筑的最初选择，且由此构成了当地建筑文化的主要特征，世界各处莫不如此。就像林木茂盛的加拿大或挪威，木材势必会成为民居最适宜的建筑材料；在多岩石的英国和法国部分地区，石料就成为建造各种村舍墙垣的首选；而在盛产黏土的地区，砖的大量使用就合理而自然了。就此出现的各种极具代表性的地域性建筑材料肌理，成为各地区建筑文化的显著特征之一。

单就中国而论，幅员广阔的土地上自然气候的变化多样。地理自然资源差异十分显著，能够被居民采纳并大量使用的地方材料也多种多样。以高寒气候特征为主的地区，都主要采用蓄热量高的材料，如泥土、土坯、石块等；在湿热地区，如中国云南的傣族民居，主要采用竹子作为建材（图4-12）；福建的土楼处于闽西山区，采石用土方便，所以墙基的围护结构采用红褐卵石砌筑（图4-13）；还有西藏的石屋碉楼（图4-14）、东北的井干式木屋（图4-15）等，各自富于地域特色的材料成为地域建筑文化的肌理要素。

作为建筑材料的自然原材料种类很多，但从本质上分主要有四大类——土、木、石、竹。再细划分的话，会由于不同的物理性状而划分出很多种，如石材，根据形状划分，有鹅卵石、片石、人工开采的矩形石块、石条；若从其所含矿物质的不同来划分，有大理石、花岗岩等。材料是构成建筑最基本的前提要素，由于材料的不同、物理性状的差异，建筑材料的受力性能、适用方式都存在差异。在作为建筑

图4-12　云南的傣族民居

图4-13　福建的土楼

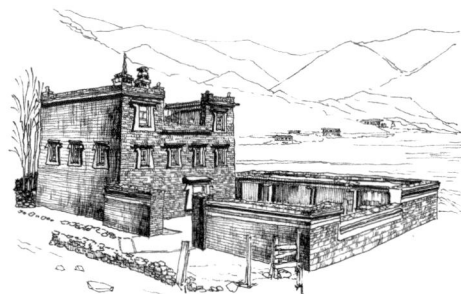

图4-14　西藏的石屋碉楼

图4-15　东北的井干式木屋

材料时，其所受力学性能的局限会导致建筑的空间形态受到限制，这是地域材料决定地域建筑空间形态文化的主要原因。同时，各种材料的表面质感和构筑方法的不同，是另一个影响地域建筑文化的重要原因。所以从大范围区域看，材料的差异导致建筑空间形态的分异；从小范围区域看，材料的不同构筑手法又使建筑的表层肌理质感发生变化。

当代建筑大师中，阿尔瓦·阿尔托是具有代表性的一位采用传统材料来寻求现代建筑的"乡土化"建筑师，他是芬兰的一位值得崇敬的现代主义大师。他在他的创作中强调有机形式，采用自然材料——木材与红砖，这些手法使他的建筑作品具有强烈的地域风格和传统文化特色。由此可见地域性的材料在塑造地域建筑文化中举足轻重的地位。

3）建筑环境控制技术的地理空间分异

建筑技术的地理空间分异是随着自然环境的变化而变化的，这一点主要表现在对环境的适应而产生的地域环境控制技术，是指当地居民根据长期积累的经验而传承下来的，巧妙改善居住的热工环境的方法。由于各地的自然气候千差万别，自然资源、地貌特征各不相同，因此为适应环境而努力做出的尝试也是种类繁多，这是世界各地建筑千差万别、形态各异的主要原因。

沙漠地区的捕风窗（风斗）及利用屋顶的自然通风系统，正是利用了烟囱效应来进行非机械式通风降温的技术手段。人们在建筑上巧妙地利用烟囱效应通风降温，使室内的烟不用机械方式而有组织地排出室外，从而大大改善了室内空气质量。这一技术使该地区的景观别具一格（图4-16～图4-19），每一座建筑屋顶上的风斗，都是沙漠地区建筑文化的标志，这里的建筑环境控制技术迥异于湿热带地区。再如中国黄土高原的民居建筑，形态上存在地理空间的分异规律，同样源于环境控制技术对不同地理自然环境的适应。陕西省境内的黄土高原地理自然环境的空间分异是这样的：纬向地带性的空间分异，由南向北地貌变化依次为河谷阶地——黄土塬——黄土台塬——黄土破碎塬——黄土丘陵沟壑；经向地带性的空间分异，由东向西地貌变化依次为河谷阶地——黄土破碎塬——黄土塬——黄土丘陵——基岩山地；垂直地带性的空间分异，由低向高地貌变化依次为河谷阶地——黄土台塬——黄土塬——黄土丘陵沟壑——基岩山地。这样在同属于黄土高原的地域内存在形态各异的微环境差异，当居民的村落散布在广袤的黄土高原上时，每一个村落的小环境都迥异于其他的村落环境，几乎每一户民宅都在不同的环境

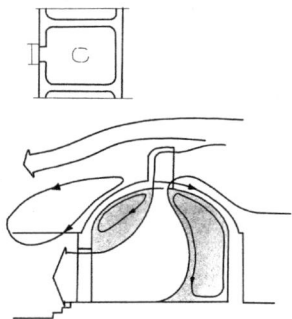

图4-16 风塔剖面原理示意图

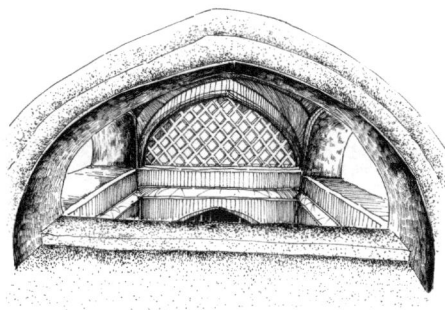

图4-17 沙漠地区典型的采光空调系统

图4-18 伊朗民居被动式降温系统：两层高风塔

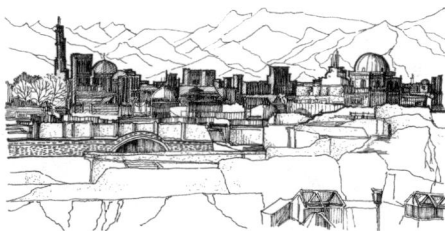

图4-19 屋顶系统形成的沙漠地域文化景观

下建造。当建筑技术随着这样的规律而改变时，民居的形态也随着技术的改变而发生变化。

同时，正是由于物理环境控制技术的差异，黄土高原的聚落文化景观也产生了分异。黄土高原的传统民居根据各自的形态特点，采取不同的组织联系形式，与其周围的自然环境一起形成多样的景观文化特征。或层层叠叠、随坡就势、附于山体（图4-20），或完全融入环境、沉入地下（图4-21），或连成排状、整齐划一（图4-22），或匍匐于大地、分散组团状……这些都是在适应自然环境的前提条件下地域环境控制技术的作用。

技术追随自然环境，这是建筑环境控制技术的空间分异性的原因根本。埃及著名建筑师哈桑·法赛（Hassan Fathy）的地域住宅研究就是基于地域环境控制技术之上的思考。他所创作出的作品诸如新高玛村等，极富地域特色与时代特征，被誉为是"在东方与西方、高技术与低技术、贫与富、质朴与精巧、城市与乡村、过去与现在之间架起了非

图4-20 靠山窑洞村落景观

图4-21 地坑院村落景观

图4-22 房居村落景观

凡的桥梁"。在他的作品中可以看到他所采用的地方材料和地方传统施工技术,这是他建构起乡土文化的根本。另一位印度著名建筑师查尔斯·柯里亚同样非常重视环境控制技术,重视气候条件对建筑的影响。他从许多传统的印度建筑中发现了适应当地炎热气候的自然通风技术,而在这种技术影响下的建筑空间形态是当地居民所喜爱和认同的。这些优秀建筑的灵感都来自于建筑物理环境技术,并由此产生极富地域特色的形态文化。

2. 突变性

由于建筑技术是随着社会科学技术的发展而发展的,并不以人的意志为转移,当新材料诞生并在建筑中使用时,每一种新型技术结构所产生的文化形态无疑会给"传统文化"带来巨大的震撼和冲击。毫无疑问,最初的几座哥特式建筑物,在它们的罗马风式样的同类建筑中间,必定像一些不速之客，横遭非议。

艾菲尔铁塔是世界上最著名的建筑之一，自1889年以来，已有超过1.85亿人登上了铁塔，是人们最喜爱的建筑之一。然而谁又能想象到它是在一片谩骂、抨击和反对声中建起来的。而这种开始的不认可，就是起因于它独特的用材、奇异的造型与以往的"正统"建筑大不相同。新材料和新的形态对人们传统审美的冲击是巨大的，遭到当时大众的强烈反对。艾菲尔先生在回敬那些反对和抗议时说过一句话："难道力的因素与美的因素真的不能和谐与统一吗？我向大家保证——我所设计的、经过精确测算的弦形基座与平台连接的曲线造型将既牢固又美观，达到力与美的和谐与统一……"建成后的艾菲尔铁塔，巨大的A形钢筋铁骨不但不显笨重，反而给人一种优美轻盈的感觉，逐渐为世人所接受和喜爱。

突变性显示了技术文化在发展过程中质的飞跃。突变性的发生往往是在建筑技术系统中最活跃的因素上作为起点的，比如材料技术、结构技术等。

3. 共通性

建筑技术文化的共通性是指建筑文化形态于不同的区域、在相近的建筑技术支持下所产生的空间形态的同构现象，以回应相近的气候条件，产生相似的空间形态。比如在空间形态上，湿热地区采用竹木材料、坡屋顶、高高架起的屋身，而干热地区采用土坯砖、开设小窗口、采用平屋顶等，只是在细部结构及具体的空间组合方式上有所区别，在建筑形态的基本组成上是相同的，此为共通性。表层的现象相似意味着其深层结构是相近的，这是产生建筑形态"趋同"最初的原因。

同样的多雨气候、同样的竹木材料，在南美洲中部的印第安人的高架竹木房屋，与中国西双版纳勐海景龙竹楼何其相似？它们两者相距遥远，但是建筑的基本组成形态要素是相同的，即：高架的屋身、坡屋顶、高架起屋身的立柱等，只是在空间的组织及细部结构的处理手法上存在差异。

4.2　建筑技术文化发展规律

建筑技术文化在发展中出现一些规律，其形成主要是由建筑技术要素发展的非同步状态，以及技术传播中的三种现象引起的。

4.2.1　建筑技术要素发展非同步状态

"技术作为一个系统，它的诸多构成要素都是必要的，一般来说，没有哪一个是决定性的和主要的"①。所以"在一般情况下没有必要或不要对构成系统的要素作主次之分"①。建筑技术系统中主体要素、客体要素以及工艺要素中，没有绝对的地位主次之分。所以这里最好是多讲要素之间的匹配和系统的结构。在技术的发展进程中，要素的发展也没有绝对的先后之分，只是在一种要素发展的情况下，带动其他要素与之相匹配。这种匹配的过程就产生了时间差，所以建筑技术要素发展并非同步状态，就如同一种新材料的出现不会立刻产生新结构技术、新工艺方法一样。这种非同步发展的状态作用到建筑文化上就出现了一些可以理解的文化发展规律，如建筑技术文化生成过程中的渐变性规律、不平衡规律以及"涟漪效应"。

1. 建筑技术文化生成过程显示技术要素的不平衡发展

建筑技术文化的生成是以依附于建筑本体的存在为前提的。所有建筑技术要素的起始原因都是有目的性的，就如同建筑构件起源于纯粹功能要求，或者是由于建造的工艺所必需的。但是在日后漫长的岁月中，这些构件逐渐完善和丰富，最终演化为兼具装饰性、审美价值的要素。这一产生、发展和凝练的过程，贯穿于整个建筑历史之中。这说明建筑技术文化都经历这样的一个过程：从纯目的性的、逻辑性的发展到与艺术审美紧密结合的，最终衍生出具有明显时代、地域特征的文化形态。所以说，技术文化的历史同时是文化的历史。

随着建筑技术的日益进步和建筑规模的不断增大，建筑方法和建筑艺术之间的关系也日益密切和更加明确，建筑技术文化的发展也愈加成熟。哥特式教堂就是一个很好的技术文化生成例证。哥特时期的重大发明是拱扶垛，原本的技术目的是为了支撑欲倒的房屋，增强侧推力抵御高度带来的侧压力，或者为其他建筑加固而已。随着技术的不断发展，拱扶垛和斜边廊经历了很大的改进，从而取代了罗马浴场的厚重砖石结构。这一伟大的技术进步成为日后哥特建筑文化的灵魂。始于功用、最终转化为时代文化，这就是技术文化的生成过程，不论任何时代，这种生成的过程都有着惊人的相似。

建筑开始的时候，是形式最纯净、关系最清晰的，那时体现的完全是建筑技术的逻辑美。但随着社会发展与技术进步，即便是最追求纯粹

---

① 陈昌曙. 技术哲学引论 [M]. 北京：科学出版社，1999：102.

结构的成果，依然会在发展中出现装饰
构造，就像哥特式建筑。

哥特式建筑是无数历史风格中最结
构化、最技术化的（图4-23），它在技术
上是令人折服和惊叹的。然而，巧妙的
结构与装饰的结合，说明结束"结构"，
开始"装饰"的那个界线难以捉摸。所
有的哥特式建筑都是赤裸裸的、无遮无
盖的结构系统：墩子，从墩子上射出来
的拱，明显起着作用的飞券等。尖拱、
肋形拱顶和飞拱一起构成哥特建筑的承
重体系，使建筑的重量分布在有垂直轴
的骨架上。然而哥特式建筑的表面装
饰，那些细小的形式碎块，饱含着紧张
的冲力，扰乱和消灭面与面的界线。而
这种扰乱的装饰构件，是技术文化发展

图4-23 哥特式建筑最结构化、
最技术化的外露

的后期必然，是不含理性和逻辑的一种激情附着。显然，在哥特建筑技
术文化的生成过程中，工艺要素落后于主体要素"结构技术"的发展
步伐，而"结构技术"相对落后于客体要素"材料技术"的发展。因
为当时的建筑材料已经在相当长的岁月里持续使用着砖、石和天然混
凝土等材料。"整个哥特时期，人们在减轻建筑负荷方面进行着不懈的
努力[1]"。

在建筑技术文化生成的过程中遵循两个规律："渐变性规律"和"不
平衡规律"。

1）渐变性规律——文化整合过程

建筑技术文化发展过程中存在文化的整合现象，实质上是一个寻求
同质性的过程。这一过程是由点及面渐进式进行的，渐变性是在一定的
时段内的过程。

比如材料的更新引起结构的变化，进一步导致建筑整体空间形态的
改变。在实践中出现的情况是多样的：原有的建筑结构上使用新材料，
相持一段时间才会出现结构的更新，最后使建筑迈入全新的空间状态；

---

[1] 罗伯特·杜歇. 风格的特征［M］. 司徒双，完永祥，译. 上海：生活·读书·新知
三联书店，2003：38.

或者是材料技术相对稳定的状态推动改革结构技术、发展新的工艺。就像哥特式建筑的产生那样，它的突破来自于结构技术，它与之前的建筑材料技术是相对连续的，而"现代建筑"的产生起点却是"新材料"。实质上，所有的建筑技术要素在发展的过程中是相互交替前行的，没有办法割裂技术发展的整体连续性，只能在一个限定的时段内判断，相对于某种建筑文化的发展，那些技术要素的相对先后发展次序。

在固有的文化传统上吸收新技术需要时间，这是文化整合的必然过程。对于外来或新文化元素的取舍，传统文化决定哪些元素是与自身"同质性""相融贯"的。这些被接受的元素是能够符合传统文化自身的特质发展和利用要求的。所以在整合中舍弃那些不相融的元素，使文化发展符合自身特质的发展要求，或者改变那些不相融的元素以合乎自己的目的，并创造新的、符合其价值审美的元素。同化的速度一方面要看原文化对新技术的相融性，另一方面要考虑新技术的感召力。

如在新建筑材料出现之时，往往建筑形式仍然采用原有结构、原有比例关系、原有形式语言，而只是在材料中接受了新的"血液"，将新元素融合到传统中去。或是采用了新结构，却还是会用旧的形式进行包装，就像钢材一开始在普通建筑上的应用，并不是那么"理直气壮"一样，会被传统的材料包裹其中。如法国工程师、建筑师朱利斯·索尼尔（Jules Saulnier）于1871~1872年在巴黎附近为梅尼尔巧克力公司设计建造的一个涡轮机工程建筑，虽然整个建筑的构架是采用钢结构，但是外墙材料仍然采用了石头。这样的外观给人的感受仍然是延续了传统的，以后再慢慢地进步转变。渐变性的发展是新技术在传统技术中发展的必然过程，只是这一过程的长短随着时代的进步不断加快了脚步。

2）不平衡规律

在语言发展中各组成要素的发展是不平衡的，如"词汇"发展得快，而"语法"发展相对缓慢。正因为"语法"相对稳定性，才使它成为语言发展的基础。在建筑技术文化领域，这种不平衡体现在建筑技术系统中各要素在发展速度上存在差异。其中建筑材料、建筑构造、建筑结构等成为发展相对迅速的"词汇"，而其"深层结构"则是像"转换语法"那样变化相对缓慢、稳定。正是这些才使得建筑文化具有秩序性和理性的发展基础。此外，建筑技术发展过程中，系统中各要素发展是不平衡的，这在建筑形态上反映出承上启下过程中文化的整合过程，如新材料与旧结构之间的交叉共存等现象。

此外，在建筑工艺的范围内，基本结构构件的变化是很缓慢的。它们在形式上不断被提炼，逐渐被附加的装饰所丰富，它们变化的起始和演进的过程是建筑工艺方法的写照和直观体现。如柱头和柱础正是柱身断面合乎逻辑的必要扩大，以便支撑额枋和把荷载更好地从柱子分散到下部石基上去，其整体形式的发展是相当缓慢的。中国传统建筑中的柱体基本在几千年中没有太大变化，即使西方出现了爱奥尼柱式、科林斯柱式、塔斯干柱式，它们不是也沿用了几个世纪吗？表面工艺的发展与构件自身的相对恒定形成鲜明的对比。

2. 西方建筑技术文化历程证实技术要素的不平衡发展

在经历了古希腊石头梁柱的庙宇、古罗马砖拱券、天然混凝土穹隆下的大浴室之后，哥特式建筑成为又一个建筑文化高峰。欧洲哥特式建筑是建筑大师们长久的经验积累。巴黎圣母院两侧的飞拱扶壁，是在13世纪后增加的力学支撑。这种技术的成熟促使当时出现了一批宏伟建筑，也因此成就了一段辉煌的时期。

回顾历史会发现：当新的技术发展被传统所接受时，会促进一种全新形态的极端膨胀，就像哥特式建筑一样。当飞扶壁轻松地解决了高大建筑的侧推力问题后，欧洲中世纪的教堂就不断地追求空间的高耸与明亮，将技术的运用发挥到极致。正如现代英国史学家贡布里希（Ernst Hans Josef Gombrich）曾经为证明中世纪教堂空间不断扩张的原因之一是"名利场逻辑"而举出一系列法国哥特式教堂高度的数字："1163年，巴黎圣母院（Notre Dame de Paris）开始了创造纪录的建造，结果拱顶拔地114英尺8英寸（约34.95米）。1194年，夏尔特教堂（Chartres Cathedral）超过了巴黎圣母院，最后达到了119英尺9英寸（约36.5米）。1212年，兰斯大教堂（Reims Cathedral）耸然而起，高达124英尺3英寸（约37.87米）。1221年，亚眠大教堂（Amiens Cathedral）达到了138英尺9英寸（约42.29米）。1247年的一项工程是为博韦教堂唱诗班席建造拱顶，其高度为距地面157英尺3英寸（约47.93米），使这种破纪录的竞争达到了顶峰——结果这些拱顶都于1284年崩溃坍塌"[①]。

当技术发展到其力量已不足以继续支撑膨胀其形态的追求时，技术的中心就会转移到其工艺要素的发挥中去。这一段时期是某一种技术相对成熟、发展缓慢的阶段。建筑的外观将更多地显示出工艺的精巧和更多的装饰构件，就像哥特式建筑入口层层叠叠的小雕塑，繁琐精细与恢

---

① 王贵祥. 文化、空间图式与东西方的建筑空间［M］. 北京：中国建筑工业出版社，1998：454.

宏大气并存。成熟过后进入技术文化发展的延滞时期。如洛可可与巴洛克，还有18世纪后半叶，巴洛克之后的新古典主义和帝国风格。对这一时期的建筑分析看到：空间和实体问题退到次要位置了，似乎技术的全部任务都被用来搞建筑表面处理的细节和色彩。而这正是材料与结构技术相对停滞发展的时期，表面装饰工艺相对繁盛。也因这种装饰的发展，形成了几种建筑文化风格，这些风格之间的区别仅仅在于装饰布局的不同，有时甚至仅仅在于细节的不同（图4-24）。在17世纪到18世纪期间，巴洛克与洛可可一直在浮于表面的装饰艺术上挣扎，就像丹下健三（Kenzō Tange）所说的"技术的停滞常促使人们对技巧方面关心"[①]。在技术停滞时期，人们更容易关注技巧，因此在建筑的外观手法上表现得更为纤细，或更为繁琐多样，促进了雕刻等技术的发展。与此有相同情况的还有轰动一时的后现代主义。有人说后现代主义建筑无所作为，原因在于没有出现本质性的体系变化，而只在形式的层次上作出尝试，是技术文化发展历程的一个必然阶段。

19世纪开始，欧洲和北美一些国家先后走向工业化的道路，由于大规模的机械化生产，成批量的统一构件得以快速制造，致使手工艺在此时失去了用武之地，但与此同时机械化的外形被认为缺乏美感而与艺术格格不入。于是英国出现了"工艺美术运动"，其倡导者查尔斯·威廉·莫里斯（Charles William Morris）和约翰·拉斯金（John Ruskin）两人都反对技术和艺术分离，主张"技术和艺术结合"，极端反对大规模的机

图4-24　古典复兴时期对外部装饰的追求

---

① 马国馨. 丹下健三［M］. 北京：中国建筑工业出版社，1989：14.

械化生产。这种状态从侧面反映了建筑技术各要素发展的非同步性。

在现代建筑的发展历程中可以清晰地观察到建筑技术文化的发展历程。且看现代建筑发展之初的几种趋势：萌发期，旧式结构、传统材料、墙体承重，装饰简洁；成长期，钢铁承重结构、新材料，结构与装饰无法结合；上升期，钢结构、新材料、新方法，外表掩饰新结构；成熟期，新结构、新材料，新装饰风格；停滞期，维持建筑结构、材料的状态，发展外装饰语言。这一过程充分显示了技术要素的不平衡发展。

3. 技术要素发展时效性差异——"涟漪效应"

在建筑技术文化的发展过程中，存在这样的现象：建筑技术的变化发展都是从某一"点"（某一种相对敏感的技术要素）开始，逐渐影响其他各相关技术要素，影响至其他相对弱敏感的技术要素，其影响度是逐渐减弱的，而且到达最弱敏感技术要素所需要的时间是相对漫长的；同理，相对弱敏感的技术要素保持的时间也相对长久。由于各技术要素对建筑技术文化不同层面的作用，使建筑技术文化各层次发展也出现不同的时效性，笔者称这种现象为"涟漪效应"（图4-25）。

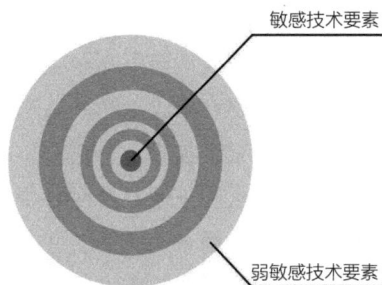

图4-25　涟漪效应示意图

4.2.2　技术传播中引发变异的三种原因

技术传播过程中会产生多样的变化，导致这些变化的原因主要有三种：其一是技术要素在传播过程中的要素重组，其二是传播的途径和方式的差异，其三是接受外来技术的阻力不同。

传播是文化存在必不可少的方式。通过传播才有可能促进文化发展和各种文化现象的出现。传播是动态的，如同"潘多拉的盒子"，一旦打开就不再受任何限制，它不是静态的简单移植，而是在过程中充满了再生性——不断地交融、变异，而且"是有'加速度'的，它不仅是文明演化的催生剂，而且在相邻文化间发挥'互补'的沟通作用，在相接的文化之间发挥'递进'的传导作用"①。

传播自从人类文明诞生之日起，就时刻伴随着文化的发展。只是在不同的人类历史阶段传播的速度与范围都是不同的，它是随着人类文明

---

① 周月亮. 中国古代文化传播史［M］. 北京：北京广播学院出版社，2000：11.

的进步速度变得愈来愈迅速、范围愈来愈广，尤其是在信息高速传播的21世纪。于是，传播对于建筑技术文化发展的影响力也就越来越大。尤其是在讨论建筑文化趋同时，将由于传播方式的不同，产生两种类型的"文化趋同"：其一为传播速度较慢、传播方式单一的情况下的趋同，其二为传播速度快、传播途径多的情况下的趋同。

"传播是促进文化变革的活性机制，传播是文化延续的整合机制，传播是一个输出与接受信息的社会化的互动过程"①。建筑技术文化的发展必然需要通过传播激发活性。传播不但是一个扬声器，还是个搅拌机，将不同体系的文化融合在一起。于是出现了传播带给建筑技术文化发展过程中的结果，就是出现"双语现象""双言现象""混合语现象"。这是在建筑技术传播过程中的几种不同状态和阶段的体现。

1. 建筑技术传播中的要素重组

技术文化的传播中存在一定规律和定式。建筑技术的要素重组如同语言学中的要素重组一样，是传播过程中的必然。在本土文化模式中的技术构成要素，吸收融合外来的技术要素之后，进行匹配重组。这如同第一次在意大利土地上出现的券和拱，很可能是伊达拉里亚人从两河流域引进来的，用来建造下水道、桥梁及城门的技术，但它们在意大利与当地的建筑技术要素重组后出现在建筑上，而不再是下水道或其他。

罗马建筑文化中的很多艺术形式无疑是希腊文化的产物，这来源于对继承的技术要素的重组而获得的变化。如：柱子，在古希腊建筑中受力的构件，密集而有力，是一种合乎逻辑的组成，形态也因此不可改变。到了出现在罗马的君士坦丁凯旋门（Arch of Constantine）上时（图4-26），柱子已成为装饰构件，它们位置不再是确切的，成为一种附属，丧失了结构本质。

要素重组必然产生折中，为了避免产生不和谐而从一切可以采集的要素中汲取灵感。折中的结果并不产生绝对的独创与新鲜，而是相对的创造。因为在其中可以看到传播来的各种文化的影子。在一种结构技术发展相对稳定成熟时期，常常会给建筑表层装饰构造技术的重组创造契机，这也是折中主义产生的温床，重组的契机也是文化整合的契机。

2. 传播的途径和方式差异

传播的途径主要有两种形式：其一为首先对技术的接受，随后接受其文化；其二为先对文化的接受，然后随之接受相关的技术。两种方式

---

① 周月亮. 中国古代文化传播史［M］. 北京：北京广播学院出版社，2000：11.

图4-26 君士坦丁凯旋门

接受的技术要素不同：前者是根据自己文化特征吸收那些容易"相融"技术要素，后者则是根据接受的文化来限定需要接受的技术要素。对于技术的传播方式，仍然是从技术系统的低能量要素开始的，如材料，单单改变材料的建筑与传统材料的建筑在形态上不会存在太大的差异，同时它也是最敏感要素，变化最频繁。当发展至高能量的要素时，比如结构技术的传播与接受，建筑的形态就会产生巨大的变化。

　　日本的现代建筑运动就是一个很好的例子。"日本现代建筑运动的发展始于明治维新以后，日本招募了大量的外国技术人员，引进西欧的建筑技术，在经过短暂的折中主义运动之后，由于钢筋混凝土和钢骨结构技术的引进，使日本的建筑领域为之震动，随之进入了建筑发展转换方向时期"[1]。注意这里：引进西欧建筑技术后经过短暂的折中，这表示引进的技术与本土技术之间经历了短暂的融合。随后很快接受了外来文化，于是新材料技术、新结构技术随之引进。

　　当以木材为主的传统建筑体系与西方以石料为主的建筑体系相碰撞时，文化会如何嬗变？毕竟无论日本抑或中国建筑都接受了西方改造。我们首先在19世纪中叶接受了西方的砖石砌筑建筑技术，中国工匠在19世纪60年代初就已经能承建正规精致的西式砖石券廊，如现存的上海旗昌洋行北栋大楼（现上海福州路17，19号大楼）[2]。而那时的欧洲正在以新型技术改写建筑形式：用铁、钢、水泥、玻璃等新材料建造英国伦敦世

① 马国馨. 丹下健三［M］. 北京：中国建筑工业出版社，1989：6.
② 沙永杰. "西化"的历程——中日建筑近代化过程比较研究［M］. 上海：上海科学技术出版社，2001：149.

博会的"水晶宫"展览馆（1851年）、法国巴黎世博会的埃菲尔铁塔及机械馆（1889年）。在随后的时期内直至20世纪初，中国和日本先后引进了18、19世纪西方发展起来的各项新技术，使各自的建筑文化发展异常的"多元"而繁荣。这同样属于第一种传播方式：先接受自身能够相融的技术要素，在融合过程中接受外来文化，随后接受更新、更多的外来技术。

历史上中国与日本之间的建筑技术传播则属于后一种形式了。中国与日本在历史上有着频繁的文化交流，促进了两国文化的共同发展。经过长期的发展演变，虽然各具特征，但都具备了完善的建筑型制、建筑结构、固定的建筑材料、建筑构造、装饰及施工规范，都成为东方木构架建筑体系的典范（图4-27）。

3. 技术传播的"衍射"现象

在技术的发展过程中，传播是很重要的发展途径。建筑技术在传播的过程中，从一种技术的发源地向周边地区传播，一个地区传向另一个

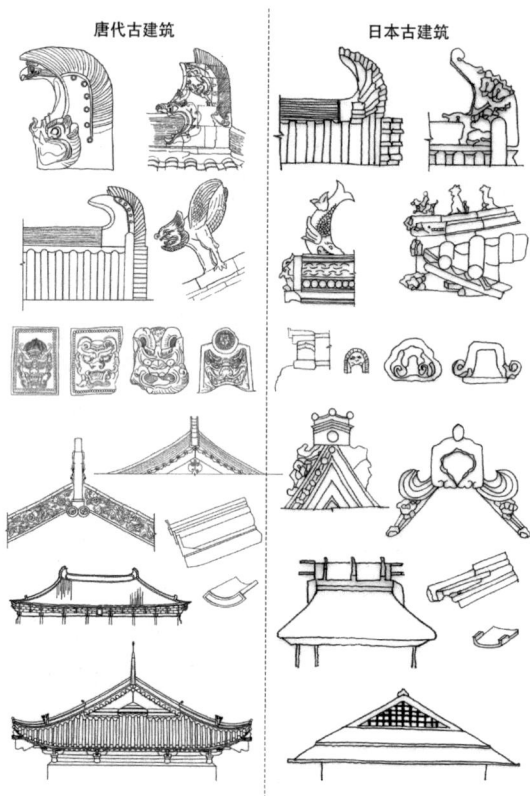

图4-27　日本接受唐代建筑技术的同时，一同接受了其衍生的文化形态

地区，在一般的情况下都会受到一定的阻力，这种阻力来自于接受地区的综合"内力"。其中包括该地区的社会因素、自然因素、经济因素及原有技术基础等。阻力的大小决定了外来技术的被接受程度，阻力越小，接受程度越高，反之则相反。这种现象很像物理学中"波"的衍射现象，在物

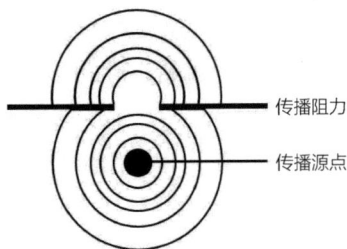

图4-28　衍射现象示意图

理学中衍射现象是定义"波"遇到障碍物时的变化（图4-28）。"衍射"现象可以很形象地解释建筑技术文化传播的有限性、传播中的障碍阻力与传播效果的关系。

　　"衍射现象"揭示了建筑技术文化存在规律的部分形成原因。作为衍射中所必然存在的障碍物，在建筑技术文化的探讨中可理解为阻碍外来技术的内在合力，它的形成有多方面因素。这种内在合力对外来技术的阻力犹如孔洞（或者是障碍物）的大小一样，使"波"在传播过程中遇到障碍物时，穿过障碍物孔洞（或绕过障碍物）的波的能量产生差异。孔洞越大（或障碍物越小），阻碍力小，被接受的能量越多；反之则低。本土文化对于外来文化的吸收存在不同的阻力，所以吸收的多少会产生差别。

　　本土建筑技术部分地接受外来技术，或者完全拷贝外来技术，这样产生的现象，笔者根据技术的来源差异及接受程度的差异将其分为建筑技术文化的"双言现象""双语现象"及"混合语现象"（将在4.2.3详细论述）。

　　其中的阻力是前文中提到的来自各方面的合力，这一合力包括能够影响建筑生成发展的社会因素、自然因素、经济因素及原有技术基础等诸多方面。比如一个以传统木材加工为主要对象的技术队伍，对于新的外来材料，钢筋混凝土的应用要比钢铁来得容易，因为钢筋混凝土的施工方法在某种程度上与木材的施工方法有一定的相通性，都可以在施工的过程塑造需要的结构和形态，而钢铁则不然。于是钢筋混凝土这种建筑材料会比钢材在此情况下更容易被接受。这样就会导致对部分技术的选择性通过和接纳，从而出现适合这一地区的"新技术"传播。所以，传统的技术形式成为对外来"新技术"（相对于本土技术而言）接受的障碍，可以与传统技术相融合的技术则会很快传播开来。在传播的过程中，由于障碍的阻力大小不同，所接受的量也会有所差异。

苏州古代建筑的"砖细"就是一个例子。苏州古代建筑工匠很多，工艺考究、精细，形成独特的灵巧、细腻的风格。在建筑的工匠中有木工、瓦工之分，而瓦工中又分"砖细"和"泥水"。"砖细"的任务主要是磨砖对缝，请注意他们的工具，"砖细实际上是把砖当木头来加工，也锯也刨也锉。砖细的工具和木工的一样，只是刨子头小尾大成梯形，而且底面包有铁皮，以耐磨"①。木构施工技术适应接收相近方法加工的材料，这也许能说明为何中国在19世纪，首先接受了外来的砖石砌造技术，以及相应的拱券。

黄土高原上的窑洞民居发展中同样存在这样的规律。如山西吕梁柳林县香严寺周边一片窑洞背景中突兀伫立着白色的"高楼大厦"（图4-29）。当地人对它的看法是：它是现代与摩登的代名词，而旁边的一排排窑洞和香严古寺代表着落后与传统。它所采用的建筑材料完全不同于当地的窑洞，这即是在发展过程中的"双言现象"。对于这样的技术能接受多少呢？当地对此种技术体系接受阻力的大小决定了它的生存机会。而在当时由于种种原因对外来技术的综合阻力仍然很大，所以这样的民居在当时得不到普及。但是那些能够继续在窑洞民居上发挥作用的"新材料"却得到广泛的认可。这种"现代"民居不能适应当地寒冷的气候环境，成为主要的传播阻力。换句话说，由挖窑、箍窑所形成的黄土高原传统的、特有的窑洞门脸已经成为当地居民对本土文化的精神认可，成为风俗审美的固定模式，而这种审美来之有据：只有拱形的结构才可能承受屋顶为保温所覆盖厚土的重量。当地居民对于"现代生活"渴望的同时，却并不愿意抛弃自己固有的传统，所以他们对于新型民居的建设要求保持原有"窑洞"的特色。这些因素决定了传统文化整合新技术需要一个渐变的过程。

图4-29 "突兀"对话：现代与传统

---

① 徐民苏，詹永伟，梁支厦，等. 苏州民居［M］. 北京：中国建筑工业出版社，1991：10.

4.2.3　建筑技术文化存在规律

技术系统中的各要素在传播中享有同等的机会，而由于在前文中提出的技术系统各要素的非同步发展，同时因为技术传播中受到阻力的不同，导致技术系统中各要素在传播中被接受的程度出现差异，导致建筑技术文化出现多种来源的技术要素相融合的局面。根据技术要素来源及接受的差异，可将最终体现的建筑技术文化状态分为"双言现象""双语现象""混合语现象"。

1.　建筑技术文化多元发展的两种类型

因为技术的本质特性，趋同与分异现象共存是建筑文化存在状态的必然。"我们不应该把自然界估量得太高或者太低：爱奥尼亚的明媚天空固然大大地有助于荷马诗的优美，但是这个明媚的天空绝不可能单独产生荷马"[①]。黑格尔的这句话辩证地看待地理环境对人类文化形成的动力作用，即虽然环境条件是建筑文化历史形成的一个重要条件，但它却绝不会在相同条件下导致单一。换句话说：分异与趋同在相同的环境条件下是可以并存的。

前文已经提到文化的趋同存在两种类型：其一是在各民族文化相对隔绝的情况下所存在的趋同，其二是在文化交流和文化传播发生后的趋同。建筑文化的分异同样在这两种情况下存在两种类型：其一为在文化相对隔绝情况下的分异，是不同区域间的分异，各自具有明确的地域特征，是由于技术的地域适应性所致；其二为在文化交流和文化传播发生后的分异，是在同一区域内的分异，会出现包括"双语现象""双言现象""混合语现象"等文化交融状态下的分异，是技术各要素在传播中的重组所致。

古希腊历史学家希罗多德（Hérodote）主张，地理环境因素总是为一定时代、种族的文化，包括建筑，提供一个无可逃避的自然背景。亚里士多德（Aristotle）创立环境地理学，认为包括建筑在内的人类文化多少决定于人类所处的地理环境。地理条件是某个民族、时代建筑的特性得以历史地形成的一个必要条件，所以适应于地理环境条件的建筑技术就是建筑特色文化形成的根本。在建筑产生之初，即文明的黎明时期，适应地理环境的建筑技术是产生"趋同"和"分异"的主要原因。"趋同"，面对自然界所能提供的相同素材、相近自然威胁，采用最简单的技术方式获得安全庇护；"分异"，当自然界出现环境差异，尤其

---

① 黑格尔. 历史哲学［M］. 北京：商务印书馆，1963：123.

在资源、气候方面，适应不同环境方法引起结果的差异，如中国早期"巢居"与"穴居"。进入文化传播和交流时期后，"趋同"除了前者外，更多的则是建筑技术传播中被异域接受后产生的趋同。而"分异"除前面提到的以外，还有由于文化传播产生的文化融合，接受外来技术、外来新形态，与传统形态共存的"双语现象"，以及由于接收不同的外来技术与传统相融合而产生不同的"混合语现象"。此外还有同一地域内、发达与不发达地区，属于同宗地域文化，但存在本土内差异的"双言现象"等。

在建筑发展历程中，前后相继的风格之间不但有联系，甚至很难在它们之间划一条明确的界线，这正说明技术文化的连续性。这使得断然区分"双言现象""双语现象"及"混合语现象"的存在时期是不可能的。它们的出现相互交叉、实时共存，只是在某一阶段某一种现象相对比较明显而已。

2. 技术传播引发"双言""双语""混合语"文化现象

1）"双言现象"

语言学中一个社会群体成员同时使用一种语言和这种语言的某一方言，叫作"双言现象"。它是指同一语言系统中，方言和共同语共存共用。在建筑领域同样存在"双言现象"，这种现象较多地发生于地域特色较浓厚的城市及周边地区。往往在城市化进程中，城市中保留了一些当地民居传统风格，同时存在的还有保留了一定地域特色的现代建筑。同一种文化模式下的传统与现代并存，是属于同宗地域文化，技术要素来自同一地域内，但存在本土差异的现象，属于"双言现象"。"双言现象"正是地域性文化多元的具体表现。

文化发展需要文化传播，文化传播必然带来外来元素与本土元素的融合。当接受周边相对先进的技术传播之后，出现传统与现代共存的现象，因为对外来技术采取了单纯复制的方式，这是文化发展中接受传播的简单方式，事实证明这是不可取的。在黄土高原地区的调查中发现并证实了这一过程，对于新技术文化的到来，居民最初选择单纯地复制，将材料、结构方式、空间形态等要素简单拷贝，于是出现了如图4-29中所示当地传统民居与"现代建筑"的突兀对话，现代与传统没有融合，出现"双言现象"。并且，由于这样的形式在当地经济条件下，远远不能够适应当地的自然环境特点，导致建筑的舒适度远不及本土的民居形式。于是，本土的民居文化继续以原有的形式发展，与这样的新形式并驾齐驱，形成"双言现象"，综合的阻力在一段时期内阻碍了这种新形态的继续传播。

2）"双语现象"

在语言学中，一个社会群体同时使用两种或两种以上的语言，叫作"双语现象"。双语是指不同民族的语言共存共用。在建筑领域中，当一种外来技术体系没有被吸收而又"强行"进入时，就出现了两种截然不同的建筑文化并存的现象，笔者称其为"双语现象"。这种状态是来自于不同民族之间的两种体系的技术要素各成系统，是本土文化对外来文化排斥、观望的阶段。

比如明治维新后日本建筑，由于对西欧建筑技术的引进，同时也将欧洲折中主义建筑引入日本，与日本本土建筑文化并驾齐驱；再如中国几个最早开埠的城市，历史原因使它们在发展中往往直接将西方建筑技术文化搬来用于建设，形成本土的建筑文化与当时西方建筑文化并存的场面。这种现象就是建筑技术文化的"双语现象"。在每一种文化体系中引入外来技术文化的初期，都会产生"双语现象"。

3）"混合语现象"

不同民族的语言相混合而出现的一种语言现象。对于建筑技术文化则体现在外来技术要素的引进，在外观上部分地体现出外来的文化形态。如中国在20世纪90年代初开始兴盛起来的"古典"风格装饰，融合了本土建筑技术特色与外来建筑技术文化特色。本土特色现象源于本民族文化传统的定式，它是经过长期的社会实践，并经过社会的心理认同后所形成的该民族或社会特有的文化模式，它反映了该民族或社会的行为方式、习俗和价值取向。在这种固有的文化传统基础上对外来文化的吸收是有选择的，那些以原文化为参照系并符合该文化模式的部分会被吸收，不符的部分则被剔除，使两种体系技术要素相融合，然后综合的结果就出现了"混合语现象"。

"混合语现象"最早在中国大量出现，主要是在沿海开埠城市的一段特定时期内，如上海、天津等。上海自开埠之日起到1895年之间，是上海新类型建筑发展的第一阶段[①]。很多建筑"采用砖墙承重和木屋架屋盖结构，由于结构形式的改变，砖拱廊、石柱廊、圆拱及弧拱门窗樘口、西洋花纹的砖刻等开始出现"[②]。结构上部分接受外来的技术，并与传统的木架结构体系相融合。比如于1856年在上海外滩建成的江海北关

---

① 陈从周，章明. 上海近代建筑史稿［M］. 上海：上海三联书店，1988：23.
② 陈从周，章明. 上海近代建筑史稿［M］. 上海：上海三联书店，1988：23.

大楼（1891年被拆除），就是一座出现最早的中西合璧的建筑。当时被外国记者描述为"一座飞檐画栋的中国大庙"[①]，事实上其两厢从用材和结构上都采用了西洋建筑技术的一些优点，以改变中国传统衙署建筑的不牢固、不安全问题。这应该是在中国出现最早的"混合语"建筑形式。

3. 中西方建筑文化发展中的文化现象

纵观中西方建筑技术发展历程，可以明确发现技术发展对于建筑文化发展的影响之深，使得建筑文化的发展带有明显的时代特征。

1）中国建筑文化历史回顾

中国的古老文明令世人瞩目，最令人惊叹的是几千年一脉相承的木构架建筑的成就。河姆渡遗址保存的干栏式建筑遗迹证明早在6000多年前我国古人就有了相当高水平的木构技术。"土木之功"一词是中国传统沿用的建造工程的概括，从这一名称可以看出，"土"和"木"是中国建筑自古以来所采用的主要材料。中国传统建筑之所以成为世界建筑之林中的瑰宝，是因为中国的建筑在近现代西洋建筑向东方蔓延之前，始终如一地热衷于土木结构及其群体组合。中国传统建筑技术始终没有离开土木的开发、利用和发展。所以中国建筑技术从史前的穴居、巢居到明清以前的历史长河中，始终没有脱离"土"与"木"的材料、结构的主题，传统的"土木"建筑技术成就了东方古老的文明。

西安半坡仰韶文化所建造的地上和半地穴式的居住建筑就是中国的一种最古老、最原始的房屋类型。从这些房屋的复原图上（图4-30），我们可以看到两种房屋构造："其一，就是由一些'面'状的构体来组成，这些'面'状的构体同时负起结构和封闭两种作用；其二，就是先构成一个骨架，然后在骨架之上披上一个外壳，骨架和外壳分别承担结

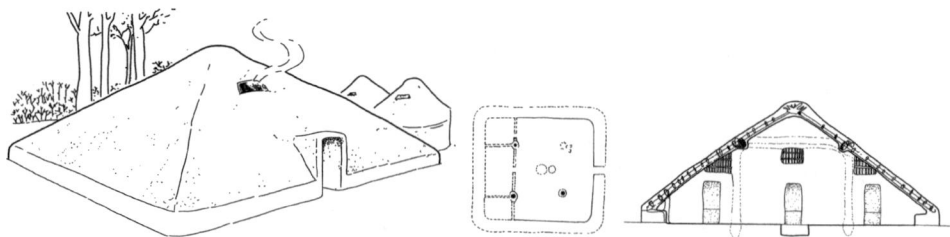

图4-30　陕西西安市半坡原始社会方形住房[③]

---

① 薛理勇. 外滩的历史和建筑［M］. 上海：上海社会科学院出版社，2002：108.
② 杨鸿勋. 宫殿考古通论［M］. 北京：紫禁城出版社，2001.

构和围护的功能。以密集的立柱构成的墙壁及紧密的椽子组成的屋面究竟是属于面状的结构，还是属于骨架式的结构呢？它们实在是同时具有二者的特性……"①我们看中国封建时期木构架建筑的代表都是骨架结构体系，但在早期是采用过骨架式承力墙体系的。"从郑州大河村仰韶文化房基遗址、河南偃师早期商宫殿遗址等考古报告中，我们可以确信中国早期的建筑是使用过骨架式承力墙体系的"②。随后在各朝代的发展中，木构架体系成为主流建筑结构体系，直至清朝。这期间，明代以后中国的制砖业开始发达，民间逐渐有了砖构的房屋。

随着木构技术不断成熟，人们习惯了木材的使用及审美，乃至于在初期发展的砖石结构建筑中仍采用木构建筑的审美模式。仿木砖雕斗拱就是一个很好的例证。这同时反映了当时砖石技术的欠缺，砖石砌块之间黏合材料不甚理想，砌块之间容易产生错位，故很多石头间的连接方式仍然采用传统木质榫卯技术。

到明代，中国出现了西式教堂，当时接受外来技术的方法是首先拷贝外来形式。清初在圆明园建造了"西洋楼"，基本采取西方文艺复兴后出现的巴洛克风格。西方建筑形成潮流的涌入是1840年以后，由传教士、商人、洋行等带入中国的建筑形式可谓是百花齐放。随着西方近代和现代建筑在中国的发展，面貌与西方同时期的建筑完全一样的"洋房"，在各大城市大量出现。青岛、哈尔滨、上海……中国这些沿海开埠城市率先涌现出了异国建筑风情。"双语现象"出现了。

到19世纪初，"混合语"初露端倪，北京、西安等地相继出现了由外国建筑师设计的"中国风格建筑"，如北京协和医学院、成都华西大学、武汉大学的部分校舍等，始于一些中国古典式屋顶的教堂建筑，实质上是新材料与结构形式对传统构造方法的妥协。

19世纪20年代，将外来技术与本土技术相结合始于一批中国建筑学者留学回国。这时出现了一批采用混合结构的新古典主义风格的行政大楼，如金陵大学，就是在功能上适应社会发展、而外形上仍然借鉴古代形式的折中建筑。与此同时，上海滩集中了各国建筑形式，并且在其他的沿海、沿长江的城市也有很多这样的建筑出现。对于一开始"进入"中国的西式建筑，还是采用了中国的传统材料，诸如：木材、石材、青砖、土坯砖、小青瓦及编条夹泥材料等，采用墙体承重，三角屋架，外

---

① 李允鉌. 华夏意匠［M］. 北京：中国建筑工业出版社，1985：202.
② 李允鉌. 华夏意匠［M］. 香港：广角镜出版社，1982：203.

加西式门窗，这样建造的中西合璧的西式建筑，成为中国最早的"混合语"建筑。到19世纪30年代出现了"中西合璧"式的建筑风格——以钢筋混凝土结构或砖混结构作为主体，门窗借鉴西方新古典主义手法，细部装饰用简化了的中国古典建筑纹样（如梁枋、雀替、云头、门簪、台基及栏板等），成为中西古典建筑的"折中式"——"混合语现象"出现了。

从技术的传递过程看，最初传入中国的西式建筑并没有采用当时欧洲的新材料和新技术，而是接受了相对于当时西方落后的技术：先接受了"红砖"，其次接受了"三角屋架"和砖墙承重的结构方式。

19世纪80年代后，以"拱券"技术为主要特征的文艺复兴及哥特复兴的西式建筑也传入中国。拱券技术在建筑中开始得到重视，在此之前，中国只将拱券技术大量运用在桥梁的建造中。从那时开始，真正的"西洋"建筑符号"拱券"出现在上海，此时在上海等开埠城市中西洋建筑与中国传统建筑和平共存，出现"双语现象"。并且，从此以后在这些城市中清水砖墙式的建筑开始日益增多，成为改变中国传统建筑千年不变定式的开端。至19世纪末20世纪初，在中国各沿海开埠城市中西式建筑的大量涌现，标志着中国完成了对西式建筑的材料、技术和样式的第一次接收。在"双语"时期大大活跃了中国的建筑文化发展。

20世纪初期，中国曾出现"民族形式"的建筑潮流，进入20世纪中期，出现"民族文化"大发展时期。当时用混凝土材料浇筑出古代传统形式的外壳；或者在建筑的外表裹上经过改革后的"古典"外衣，如原北京图书馆（图4-31）；或者只是在建筑局部采用古建筑的装饰构造图案，如北京交通银行等（图4-32）。

20世纪50年代初，中国出现一段特殊的建筑发展时期。为了体现民族形式、社会主义内容，出现了复古主义风格的"大屋顶"建筑。将传统技术文化中的部分技术特征用现代的材料技术进行复制。20世纪60年代，为中华人民共和国建国十周年献礼的十大建筑（图4-33）都采用新的结构技术：以钢筋混凝土和钢结构为主要结构形式，打破了中国木构建筑的传统。

20世纪70年代，开始出现了对地域技术的关注，如采用地域技术的、拥有地域特征的岭南建筑。20世纪80年代，随着改革开放，技术的传播速度加快了，由于技术的发展和外来技术的传播，中国出现了新技术与传统技术的融合现象，比如对民族风格与现代技术相结合的探索，如北京图书馆、西安的"三唐工程"等。同时出现对地域建筑技术的再开发利用现象，形成多元的建筑文化，比如对各地民居的探索。与此同时，还出现对外来构件文化表象的拷贝现象，对西方后现代建筑中的构件文化竞相模仿。此一阶段属于"双言""双语""混合语"并存时期。

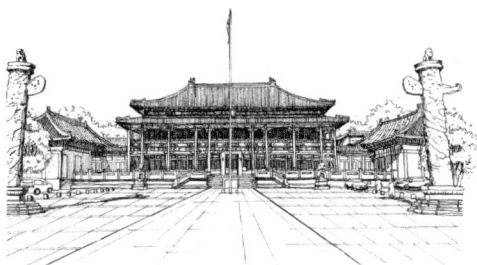

图4-31　原北京图书馆

图4-32　北京交通银行

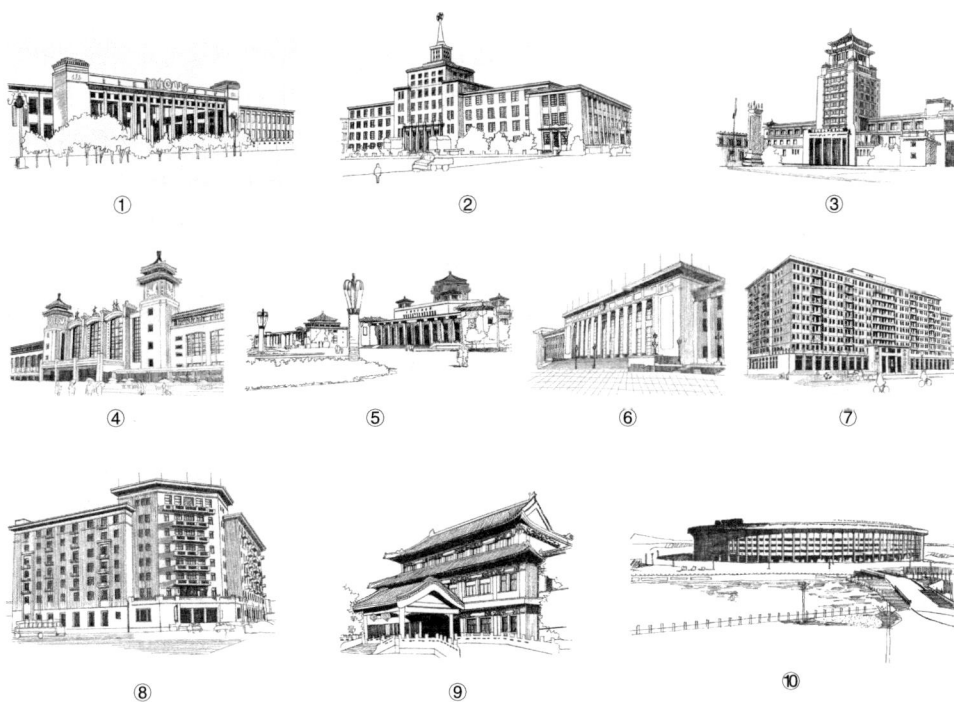

图4-33　为中华人民共和国建国10周年献礼的十大建筑

（①中国革命历史博物馆；②中国人民革命军事博物馆；③民族文化宫；④北京火车站；⑤全国农业展览馆；⑥人民大会堂；⑦民族饭店；⑧华侨大厦（现已拆除）；⑨钓鱼台国宾馆；⑩工人体育场）

所有的现象表明，建筑技术文化在发展历程中，只要存在人类文化的交流（不论交流的方式如何），就会产生建筑技术文化的"双语现象""混合语现象"。而在同宗建筑体系的发展过程中，新材料在初期应用中向传统构造做法妥协也是其发展的必然，并在此种磨砺中发展新的、适应新材料技术的建筑结构、施工方法及工艺流程，在发展过程中出现"双言现象"。

2）西方建筑文化历史回顾

西方最早的"建筑"应该是离开洞穴之后，用树枝与兽皮搭建的帐篷（据资料记载，考古学家在法国南部发现距今约20万年前的人类居室遗址，该居室以木料构架，四周以兽皮遮掩）。那时是采用天然材料，以最简单、最直接的方式构筑起庇护所，构筑的形态非常简陋……这随后的历程不得而知，直至有古迹遗存的文明向我们展示了建筑技术的发展塑造的各个时代的建筑文明：古希腊石头的建筑，古罗马的天然混凝土穹顶及其流动空间，哥特时期的飞扶壁，文艺复兴时期的古典复兴，工业革命后的新材料、新结构，后工业社会的高新技术及材料与日新月异的新形态……

古希腊的建筑，是由建造者所能使用材料的性质及工匠所能理解的简单力学形式所决定的，同时也受到二者的限制。罗马人发明了推力屋盖（单拱、十字拱和球拱），随后解决了结构内巨大水平力的静力平衡，从而创造出过去梁柱体系在体量和形状上都无法比拟的内部空间，如罗马浴场内部流动的空间。而罗马浴场结构形式的基本概念又曾被整个欧洲在文艺复兴时期所采用，其基本上是一成不变地沿袭到19世纪末。再看哥特时期的教堂，不仅有清晰、完美的技术逻辑体现，同时营造出了几近升腾之势的视觉艺术效果，建筑艺术与建筑技术之间的联系是如此明显，建筑的技术形式是如此有力，这是任何其他建筑时期所不及的，技术所能够展现的魅力在哥特建筑上体现得淋漓尽致。

进入19世纪后期，钢材、钢筋混凝土的应用越来越广泛。新材料的运用推动了新结构的发展，促进人们寻求与新材料的运用相适应的新型建筑，展示了建筑发展新的可能性和发展潜力，产生新的形态、新的高度、新的跨度……现代建筑在大量使用工业化材料之后，高耸、简洁的方盒子成为现代建筑的标志形象。在材料形势发展相对缓慢的时期，后现代成为随后的时代宠儿（图4-34）。这一时期的建筑体现了对古老的希腊及罗马构造技术形成的文化形态的继承。这一时期技术发展相对稳定，在建筑上则趋于对外部装饰技术的追求，所产生的外部形式非内部

图4-34　后现代的建筑语言

构件的逻辑结果，内与外是可以截然分开的两部分。这与传统的哥特式建筑或之前的现代建筑存在本质的差别。

在当代的西方建筑领域，同样呼吁地域性文化的发展。技术的进步，为各种建筑形态的发展提供了更大的拓展空间。地域主义、新乡土主义等都在尝试用各种技术手段探索地域建筑文化的发展，百花齐放的形式正是"双言现象"的特征。

上篇　小结

从语言学及历史学角度分析，以及采用大量案例论证技术与文化"同生共进"的关系。通过对建筑形态文化案例分析，以及对建筑文化特性分析，说明建筑技术要素在建筑形态文化中的重要作用，并从技术哲学角度，分析建筑技术系统的本质特性与建筑文化状态之间的必然联系，总结了建筑文化发展规律中由于建筑技术影响而产生的文化现象。

从建筑文化多种特性（基本特性、人文特性和状态特性）分析建筑技术的内在影响。这些特性正是我们对建筑文化个性特征内在原因理解的途径。同时，在技术发展历程中，建筑文化因技术作用而出现各种文化现象——"双言现象""双语现象""混合语现象"，更加明晰了建筑技术与建筑文化"同生共进"的关系。

通过以上分析，揭示了建筑文化的内在本质——建筑技术内在合理的逻辑表现形态成就了时代的建筑文化，建筑技术是建筑文化的核心。因此提出符合、顺应技术的进步历程才是建筑文化健康发展的方向，以及在未来的建筑创作中对待技术的态度之重要性。

上篇结论：

①技术系统是复杂的，各要素的不平衡发展会带来一定的影响，对于建筑技术系统中的各个要素都应给予同样的重视。

②技术的本质矛盾特性是促使建筑文化趋同、多元共存的根源。

③建筑文化的多种特性（包括基本特性、人文特性和状态特性）源于技术的作用。

④建筑文化发展中的多种规律与技术的发展、传播密切相关。技术要素发展的非同步性及技术传播中的三种影响状态，导致建筑技术文化在发展中出现多样化，如"双言现象""双语现象""混合语现象"。

⑤建筑技术在传播的过程中，从一种技术的发源地向周边地区传播，一个地区传向另一个地区，在一般的情况下传播都会受到一定的阻力，这种阻力来自于接受地区的综合"内力"。阻力的大小决定了外来技术的被接受程度，阻力越小接受得越多，否则则相反。这种现象如同物理学中"波"的"衍射现象"。

⑥建筑文化中各类型文化与多种技术要素相关，技术要素与建筑文化现象不是单一对应，而是有着错综复杂的关系。

"相随心生"：
地域建筑文化与地域建筑技术

"技术不仅是实现建筑功能的工具，
更是塑造建筑文化的重要力量。"

"技术是文化的延伸，同时也推动了文化的演变。"

"建筑技术的逻辑性和合理性决定了建筑形式的功能
性，而这种功能性往往是文化特性的重要来源。"

——克里斯·亚伯（Chris Abel）

5 地域建筑技术文化生成与自我整合

5.1 地域建筑文化的表征源自地域技术要素

地域建筑技术在塑造地域建筑文化的过程中起着非常重要的作用。在上篇中，已经对建筑技术对建筑文化的骨架支撑作用进行了分析，尤其对建筑文化的地域性三种表现与地域建筑技术的关系进行了阐述。在此将进一步对建筑技术系统中的各种要素在实施过程中将会产生的建筑空间形态文化进行分析。

实际上，地域技术对建筑文化的影响历来是受到人们重视的，因为地域性气候条件一直是人们建筑活动中必须考虑的问题。由于地球上各个气温带的气候差异，给建筑师提出了这样的问题：如何适应各种不同气温带的气候条件，为生活在那里的人们提供舒适、安全的居住环境？20世纪60年代，V·奥戈亚在《设计结合气候：建筑地方主义的生物气候研究》（Design with Climate：Bioclimate Approach to architectural Regionalism）一书中提出了"生物气候地方主义"的设计理论，他认为在设计过程中应该遵循"气候—生物—技术—建筑"的设计过程。建筑师开始注重在建筑设计中运用适应气候的技术。

生物气候学理论的基础是本土化理论，尊重具体环境，尊重本土技术，那就意味着建筑要以合理的技术与环境对话。显然，这样的结果会将本土化的文化特征延续下去，因为地域性建筑文化特征都是在地域性建筑技术不断地日积月累和修正中缔造的。

在20世纪80年代，吉沃尼在其《人·气候·建筑》一书中虽然对奥戈亚的生物气候方法的内容提出了改进，但只是在采用生物气候舒适标准上有所不同，其核心思想仍然一样：尊重建筑所处的环境，理解因环境而产生的地域性技术。反映出他们对建筑地方主义的理解，适应气候的技术决定了建筑的地方性。在此一点上，笔者不单只分析环境控制技术所掌控的舒适度的问题，有意更详细地分析这些地域性技术的内涵，同时对各种地域技术所营造出的地方建筑文化现象加以分析，并对地域建筑文化的遗传基因进行探讨。

在第3章中，对建筑文化地域性与建筑技术的三种表现的阐述，证明建筑的地域性与地域技术之间丝丝相扣的关系。这里进一步对影响地域建筑文化的相关技术进行论述。

地域建筑文化的表象特征就是地域建筑文化的"相"。这里再进一步强调：地域建筑文化的表象特征与地域技术的关系，证明地域建筑文化的"心"就是地域建筑技术要素。因为在建筑的表象上，符号的代表特征产生于技术的客观"限定性"。

5.1.1 地域建筑形态文化与地域技术要素

在建筑的地域性特征中，很多在视觉上极具冲击力的文化现象来自于地域技术，包括材料技术、防灾技术、环境控制技术等。其中，对于地域建筑形态文化影响最直接的当属防灾技术与环境控制技术。

1. 防灾技术与地域建筑形态

在中国江南地区，由于山区盛产木材，当地的建筑材料中木材占了相当大的比例。木材除了被用作屋架承重外，还被大量地应用于围墙、隔墙、门窗和栏杆等。由于木材的大量使用，而砖墙在厚度上又较之北方偏薄，且建筑之间排布稠密的原因，防止火灾的发生和蔓延就成为这一地区建筑技术中不可忽视的重要问题。于是在这样的技术支撑下，华中、华南地区的民居普遍采用马头墙（封火墙）形式以防止火灾的发生和蔓延。那些多变的马头墙（图5-1）形态构成南方民居的地域建筑文化特征，甚至成为地区文化的象征。

有些地区的聚落为生活的便利选择建在临水的地方，但为了防洪，又不得不将建筑选址于河谷的次级冲积台地上，如黄土高原河谷阶地的民居村落和我国东部的河谷平原区的民居群，形成了独特的景观。

此外，防止人为灾害发生也会使建筑具有一定的防卫性功能。比如客家土楼的封闭式外观，以及类似陕西省韩城市党家村的防御式稠密布局与狭窄巷道的村落景观形态。

图5-1　马头墙

2. 环境控制技术与地域建筑形态

中国幅员辽阔，东部是季风气候，从南到北依次是：热带、亚热带、暖温带、中温带、寒温带。由于气候条件的差异，为达到舒适的室内环境就需要针对不同的地理环境条件采取不同的应对措施。比如北方由于冬季漫长，使得抗寒、保温、争取最大限度地接受太阳辐射成为建筑首要解决的技术问题。所以北方的建筑尽量院落开阔，避免建筑物之间对阳光的相互遮挡。建筑材料也选择当地盛产的、并且保温蓄热能力强的材料。此外，为了得到最佳的室内舒适效果，南向开窗面积尽量大，以接受尽可能多的太阳光照射，并且尽量向院内开窗。在南方则大不相同，为了达到通风、遮雨、防湿的效果，建筑的围墙非常灵活而通透，屋檐出挑深远。而在热带和亚热带的华南、华中地区，适应环境的首要技术是抵御湿热。这样，遮阳、通风技术就显得尤为重要了，并成为这一地区建筑特色的基础支撑。因此呈现出北方厚重、南方轻盈的民居印象。

西南的川西与滇西北地区属于高原气候，气温较低、气候多变、多风、雨水量小、日照时间长，属于山高谷深的复杂地带。针对这样的自然气候，当地的传统技术对应措施是：利用太阳光冬季保温、避风的选址与朝向、坡度极小的屋顶、较封闭的外观形态。为通风和采光而设的高侧窗成了这一地区独特的"语汇"，不仅在外观上增加了细部，而且光线透过高侧窗照射进室内更是营造了独特的氛围。

对于不同的降雨量，屋顶的构造技术也不尽相同。雨水丰沛的地区，屋顶采用坡度较大的双坡屋顶；雨水稍少的地区，屋顶构架的坡度相对舒缓；而雨水稀少的地区，屋顶构造技术采用了以保温为主要目的的材料，并且屋面平缓，可以利用屋顶晾晒谷物。

环境控制技术对于聚落景观文化的影响也是非常明显的。比如新疆喀什老城的建筑密集布局和共享墙体设计，有效减少了建筑表面在烈日下暴露的面积，减少了热量积累，同时节约了材料并提高了隔热性能；狭窄且曲折的巷道通过高墙和撑墙（拱壁）投下大量阴影，为居民提供了凉爽的活动空间，并进一步调节聚落微气候；土坯材料的使用，凭借其良好的热惰性能，实现了白天吸热、夜晚释热的效果，保持了室内的宜居温度。这些环境控制技术不仅创造了适应干旱气候的宜居空间，曲折巷道、高低错落的屋顶与撑墙共同构成了区域性的文化符号，就地取材的黄色土坯也形成了喀什老城独特的建筑色彩（图5-2）。于是，这样的建筑环境控制技术形成了当地独特的聚落景观文化。

图5-2　喀什地区的街道与撑墙

5.1.2　地域建筑肌理文化与地域技术要素

传统民居的地域建筑肌理文化主要体现在两种技术要素的作用上，其一是材料技术，其二是地域工艺。由于地理环境差异，各地区的自然资源不尽相同，天然材料会出现差异。同时，由于各地区的工匠手工艺水平的差异，材料的组织肌理出现了非常丰富的排列方式。实际操作中，材料与工艺两者之间是无法分离的，必须一起考虑。

木材、黏土、竹子、石料、砖、瓦等是中国民居建筑最普遍采用的建筑材料。在干热地区主要采用黏土、木材形成浑厚、朴拙的形态；在少雨的北方则以石材、木材、黏土、砖、瓦等材料建构出厚重之感；而在湿热的南方，茂密的竹林和丰富的林木为民居的建设提供了大量的天然材料，竹子与木料成为建造当地民居的普遍用材，并因为材料"编织"手段的差异出现不同的肌理。

一方面，工艺决定了物质结果的肌理形态；另一方面，由于地域的技术差异，对待建筑墙体外表的处理手段也存在很大的不同。比如中国华北地区民居与华南地区民居之间的建筑外墙差异就非常明显。如果同样选择青砖作为建筑材料，北方的建筑外墙肌理体现出工匠的手工艺水平，各种不同的垒砌方式，使外墙体现出多样的纹理形态；而江南水乡的民居，据调查，凡是采用砖作为材料的墙体部分，一律外表抹灰刷白，青砖的肌理被清一色的白抹灰掩盖了（图5-3），展示的是相同的细腻、灰白的外表，也成为江南民居的特色面孔。这些白色抹灰的功用原是为了保护墙体不被潮湿所腐蚀而采取的技术手段，于是白墙自然而然成为江南传统建筑的一大特色文化现象。2006年建成的苏州博物馆，对白墙的应用充分体现和传承了地域建筑文化的特色，不仅是对地域建筑文化的致敬，也是苏州传统文化在现代创新中的体现（图5-4）。

5.1.3 地域聚落景观文化与地域技术要素

地域聚落景观文化的生成来自于材料技术、结构技术、环境控制技术、防灾技术和工艺要素的作用。民居聚落景观在技术的作用下，随着地理环境变化有几大差异，包括选址差异、聚落空间肌理差异、聚落空间形态差异、聚落色彩肌理差异等。地域聚落景观文化在一般情况下是与地域建筑空间形态文化的作用要素相吻合的，那些最直接影响地域建筑形态文化的技术要素，同样影响到地域聚落景观文化的空间形态。唯一的差异是聚落景观还取决于单体建筑与其他建筑的位置关系，以及建筑与自然环境的空间位置关系。

首先是选址差异。聚落与自然环境结合形成的整体景观受到建筑选址的影响很大。自古以来，人类在聚居选址的时候都要考虑生活的便利和防御灾害，所以临近水源成为众多聚落景观的一个共同特点。与此同时，仍然要避免水灾的侵害，所以通常河川地带的聚落都选址在二、三级河谷阶地上，就像西安半坡聚落遗址坐落于浐河的二级阶地上一样

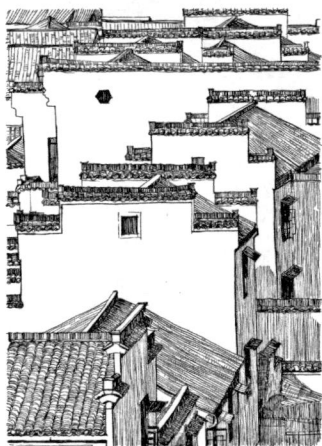

图5-3 中国江南水乡粉墙

图5-4 苏州博物馆

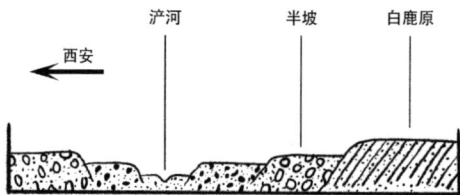

图5-5 半坡坐落于浐河二级阶地

（图5-5）。于是形成了沿着河岸的次级阶地蜿蜒排列的聚落景观。

其次，丘陵地带的聚落，为了更好地利用土地资源，将聚落选址于冲沟北侧南向的坡地上，借助山势组织建筑的空间排列顺序。比如在黄土高原丘陵地带的聚落，一般都选择在冲沟的南向坡地上沿山体等高线发展，形成特殊的山地式聚落景观形态（图5-6）。

聚落空间肌理是指民居建筑在自行组织建设，形成建筑群体后的公共空间肌理，是建筑空间形态的"负形"存在，由建筑外部空间形态的"负形"组成。这些"负形"的空间是人们活动交往的公共空间，这个空间的组织同样与地域技术相关。如前文中提到的沙漠地区的聚落，为了减少太阳光对建筑外表面的照射，建筑都以非常稠密的方式排列，形成狭窄、荫凉的巷道空间；而我国北方的民居为了更多地获得太阳光照而拉大建筑间距，这样形成的"负形"空间就开敞得多，相对聚落空间肌理就会松散而开阔。

聚落的空间形态是指民居建筑空间组合的外部形态，由每一座建筑的外部空间形态共同组成。前文中已经分析了地域性环境控制技术对建筑的空间形态之影响，在此不再赘述。由拥有那些地域特征的建筑单体组合起来的聚落空间形态，明确地形成了自身的地域个性特征。比如干

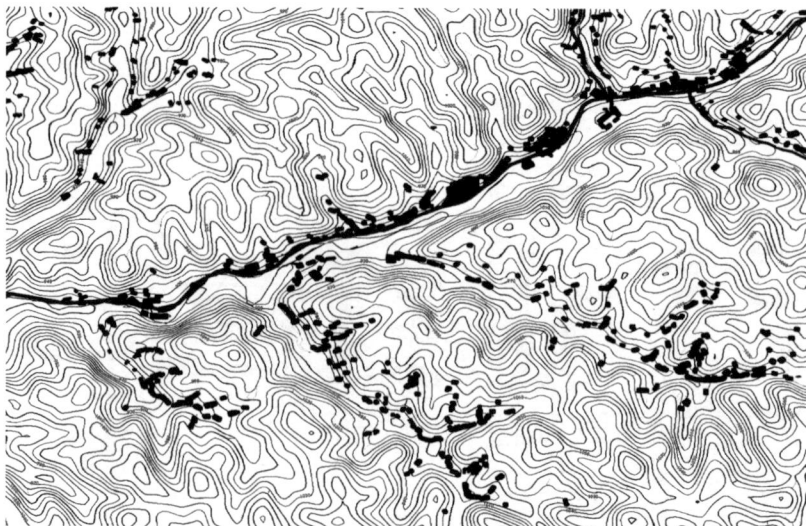

图5-6 陕北米脂县的冲沟聚落沿冲沟北侧南向坡地建设

旱地区的平顶房聚落，湿热地区的双坡屋顶聚落，还有沙漠地区捕风窗与风塔形成的天际线⋯⋯

聚落色彩肌理是指聚落中民居建筑由于材料选择、施工工艺等差异产生的色彩与肌理。在上篇中已经阐述了"就地取材"为各地民居建筑带来表相肌理特征，木材、竹子、石料、砖、土坯等地方材料自身就存在明显的质感、肌理和色彩差异，当经过当地工匠的巧手"编织"后，即便是相同的材料也会呈现丰富多彩的肌理，这些为聚落的整体景观带来了细部特征。

5.2 地域建筑技术要素的选择受"语境"与"深层结构"制约

既然地域建筑技术要素是生成表象建筑文化的"心"，那么又是什么来决定"地域建筑技术要素"？这里借用语言学的"深层结构"（deep structure）与"表层结构"（surface structure）的概念来论述分析。

5.2.1 地域建筑技术文化的"语境"和"深层结构"

事实上，任何物质都存在表相与内在的差别，表相的存在是内部矛盾相互作用产生的结果。所以对建筑技术文化研究借用了语言学中的几个概念词，即"深层结构""表层结构"和"转换"。

1. "深层结构"概念

黑格尔曾提出建筑是"用建筑材料造成的一种象征性符号"。说明建筑具有同语言一样的性征，那么建筑技术文化必定存在某种可以用语言解析的部分。这里借用语言学中的两个概念——"深层结构"与"表层结构"。

美国当代语言学家和语言哲学家艾弗拉姆·诺姆·乔姆斯基（Auram Noam Chomsky）在20世纪50年代创立转换生成语法（Transformational Generative Grammar，TGG）的理论。他关心天赋的能力，关心人同外部世界的基本关系，他提出每个人都具有一个基本的、或许是天生的能力来理解人与外部世界之间的某种基本关系，他将这种关系描述为"深层结构"。这是语言学中"深层结构"的概念。建筑师彼得·艾森曼（Peter Eisenman）曾把乔姆斯基的转换生成语法移植到建筑设计中，将建筑造型设计成与外界环境无关的纯粹符构系统，正如他在其"纯建筑"代表作"二号住宅"中所体现的（图5-7）。此时"深层结构"与

图5-7 艾森曼的"二号住宅"

环境无关。

真正对建筑深层结构进行探讨的首推弗莱彻（Fletcher）于1957年的"人类本能"[1]分析，在他的分析中"深层结构"同样是表达人与外部环境的关系，只是这种关系被用更加具体的要求进行描述。他以人的生理活动和心理感受推测对建筑的实际要求和影响，以人的生理活动为出发点，以人的本能为依据，从而提出对建筑的具体要求。他所考虑的人的生理活动包括人对环境冷、热、舒适的感受，实际上正是对于自然环境存在问题的平衡。他以此提出建筑的基本要求作为建筑的"深层结构"。

然而，弗莱彻所归纳的几点显然不够全面，因为他忽视了"在某种程度上，至少也受到了可用性资源——在材料、人力等方面——的制约"[1]。于是，杰奥弗里·勃罗德彭特（Broadbent G.）对此进行了补充，将建筑的"深层结构"归纳为以下四点：①建筑是人类活动的容器，意味着它必须拥有内部空间，它们在尺寸和形状上应适合该建筑所容纳的各项活动；②建筑是特定气候的调节器，意味着其表面，尤其是外部的墙体和屋顶，应在封闭空间和外部环境中起到屏障或过滤的作用。在热、光和声控制方面，它必须有效地执行这一过滤任务；③建筑是文化的象征，无可置疑的文化象征作用就是在"功能主义"建筑中依然存在；④建筑是资源的利用者，建筑的过程就是多种资源（人力资源、材料资源、土地资源等）的使用和积累，其每种资源的利用都会增加建筑的价

---

① 勃罗德彭特. 符合·象征与建筑［M］. 乐民成，译. 北京：中国建筑工业出版社，1991.

值，新建筑也增加了所处地段的价值①。以上是语言学中、建筑符号学中"深层结构"的解释。

在这里需要明确的是，建筑技术文化的"深层结构"由于研究对象的限定，这里只是针对建筑最基本的两个功能，即建筑是人类活动的容器，以及建筑作为人与自然之间的气候屏障，这两个技术能够直接达到的功能而言，是控制技术系统中各要素选择、取舍的"深层结构"。这同样需要分析人在特定环境中的需求，并因此产生对技术要素选择的原则，这些原则被笔者称为建筑技术文化的"深层结构"。

从建筑技术系统的角度来分析，客观上建筑技术包含很多内容，但是从本质上是不区分地域性的，因为对技术的要求只是达成了人的目的，而没有要求它必须具有何种特性。即一种技术只要是可以达成某一种目标，那么它应该是在哪里都能达成这种结果，只是要看当地的人是否需要这种结果、是否选择这种技术。比如建筑的玻璃幕墙，它可以大面积采光，可以以此建造被动式太阳能房。在炎热的地方，它的工作原理是一样的，所以不能被采用，因为人对舒适度的要求各有不同。这是技术的普适性，正是因为这一点，才会将现代高科技技术广泛传播应用。

那么建筑技术的地域性是怎样产生的？从前文的论述中可以明确一点：所有的技术本质目的是服务于人的手段。之所以产生地域性，即某一种技术用在此地合适，而用在其他地方就不合适，是因为建筑技术文化"深层结构"的控制所致。"深层结构"的原则是来自于特定自然环境与社会经济环境中人的需求。建筑技术文化的"深层结构"包括四个方面：经验信息、力学逻辑法则、环境适应法则和安全法则。其中力学逻辑法则决定了技术实施的基本逻辑关系，比如材料的垒砌、材料受力性能所决定的跨度与高度等；经验信息是来自于前人习得的经验，是传统的技术策略；环境适应法则是技术服务于人所必须遵循的法则；安全法则包括了对于自然灾害和可能发生的人为灾害的防御，所以它对技术的影响既包含地域性的特征，同时又含有其他人为因素影响的特征，比如客家土楼的防御性特征就不是针对自然侵害的，而是针对当时、当地特殊的社会环境。

弗莱彻提出的"深层结构"是以人为中心的，这同样符合建筑技术

---

① 勃罗德彭特. 符合·象征与建筑［M］. 乐民成，译. 北京：中国建筑工业出版社，1991.

文化"深层结构"的意义：原本技术的服务核心就是人类，技术所要达到的各个目标都是为了服务于人。因此，以人的生理、本能感受作为对建筑"目的"的要求是合理的。但同时，我们不能抛开客观的环境，建筑将要"生存"的环境。因为只谈人对建筑室内的舒适要求是不全面的，至少它忽略了建筑对于物质环境条件的依赖。笔者所要探讨的是建筑技术文化，即在建筑技术的作用下产生的建筑形态文化，因此在"深层结构"上，笔者结合了弗莱彻与勃罗德彭特的观点，针对技术的选择、欲达到的目的等方面进行细化，给"深层结构"新的解释。

事实上，技术服务于人的最初始目的正如弗莱彻所提出的，人的生理、本能感受提出的要求，这些要求作为建筑的初始"深层结构"是合理的。至于文化象征的意义则是在技术达成的物质形态结果上衍生的。故此，在本书的探讨中，所谈及的"深层结构"是针对建筑技术文化生成所提出的要求。

2. 地域建筑技术文化的技术"语境"

在语言学中，一个完整的句子在表达其真实的意义时，要看其所存在的"语境"，意义会因语境的差异而有所变化。建筑是一种固定的物质实体，这意味着它要长期地存在于某一种特定的环境中，这个环境，笔者称其为建筑技术文化的"语境"。

一种地域建筑文化存在于一种特定的地域范围内，这种特定的地域范围内的环境就是该地域建筑文化的"语境"。一方面，地域建筑技术文化发展需要"语境"，正是"因地而异"的"语境"，才使得技术的个性化发展和选择有了依据，才会产生地域性格魅力的建筑文化；另一方面，"因时而异"的"语境"是建筑文化发展中时代性格特征描述的标尺。比如在建筑界"高技术"的说法，广义地讲，高技术不是绝对限定在进入高科技现代化社会后的产物。某一种技术的存在会因其环境条件的变化，而从"高技术"转化为"低技术"，也可能在目前看来是"低技术"的技术，在很久以前是"高技术"。"高"与"低"之分要看其存在的"语境"，是相对而言的"高"与"低"。所以在谈及建筑技术文化时，应首先考虑到其存在的"语境"差异。如建筑技术文化的种种特性，尤其是等级性，一定要考虑到其存在、发生的社会背景和条件，片面地论述建筑技术文化的种种规律和特性是不客观的。

从本质上讲，"语境"的存在正是地域技术要素传递的原因。因为"语境"的不同，对技术的要求就不同，所产生的技术文化的特征也不同。"语境"包括时间、地点、社会背景等差异。由于每一种地域建筑文化都要在它成长的"语境"中持续受到检验和修正，并且"语境"是深层结构产生的客观基础，所以笔者提出地域建筑技术文化的"语境"概念。

5.2.2 "语境"与"深层结构"决定地域技术要素

"深层结构"从根本上讲是来自于人在特定"语境"中的要求，是为解决这些要求对技术要素所确定的原则策略。所以从本质上说，真正决定地域技术要素选择的还是"语境"。并且"语境"在发展中不断"修正"技术要素的发展趋势。

1. 技术的本质目的要求建筑适应地域环境"语境"

技术的本质目的是满足人类的需求。在变化多端的自然环境中，满足依地栖息的人群的生活需要，技术所要达到的是能够为居住者建造遮风避雨、安全舒适、经济的居住空间。为了建造遮风避雨的实体，首先要有材料。从人类最初始的构筑活动开始，建造材料就选择在身边最易得到的东西：土、石头、树枝、树叶、兽皮等。由于地域资源的不同，容易得到的材料就存在地域特征。所以技术在使用的一开始，首要的基础条件就因"语境"的不同出现了地域差异。

其次，技术要保障人的安全及舒适。为了适应不同的自然气候状况，技术所要解决的问题是因地而异的。干热地区的目标是降温、通风、遮阳；湿热地区的目标是通风、防潮、降温；寒冷地区的目标是保温，最大限度地得到阳光；雨水丰沛的地区要排水；干旱的地区要蓄水；等等。这些不同的目标所应采取的技术策略大相径庭。于是，不同的技术手段塑造出的空间形态出现地域差异。正如前文曾列举的例子：沙漠捕风窗是为了达到通风降温的目的；傣族的竹楼高架屋身是为了达到防潮和防止动物侵袭的目的；窑洞顶厚厚的土层是为了防寒、保温，冬暖夏凉；伊朗民居外围墙上小小的窗是为了避开外来的热浪……因此，地域建筑技术是因建筑所处的环境差异而不同的，这种地域自然气候环境是地域"语境"的一部分。

2. 地域建筑文化的"语境"对地域技术要素的限定

"语境"指的是地域建筑所赖以"生长"的特定环境。在这样的环境中，居住者在与自然环境的不断对话中提出自己的居住舒适要求，限定出该地区的地域建筑文化回应自然环境的"原则"；同时，在该特定区域内的社会环境条件限定下，对技术要素的选择还要适应该地区的社会环境条件，比如经济发展状况、文化进步水平、审美观等。正如现时代的"生态审美"对技术的要求就不单是先进与否，更重要的是对环境发展是否有利、对环境的破坏是否最小、排放的污染是否最少等。

在地域建筑文化发展过程中，不断会出现外来的、新的技术要素传播，对于这些技术要素的接受程度，在上篇中已经论述了"衍射现象"，即外来的、新的技术要素在被接受时会有内在的综合阻力，这个阻力来自于特定的"语境"。当那些新技术要素传播至此时，有两种途径的吸收方式：其一为接受其文化形态，将新的技术要素全盘接受；其二为部分地接受技术要素，那些被接受的技术要素是通过"语境"来筛选，剔除与本土技术体系不相融的要素，保留那些相融的要素促进本地域技术的发展。

技术传播产生的结果可能出现建筑技术文化"双言现象"，即外来技术体系的全盘吸收，以及本土建筑技术体系融合"部分"新技术的发展同时并存的现象。并且，最终产生的那些客观建筑技术文化形态还要通过负反馈机制进行自我整合，因为这些建筑仍然要在这个特定的"语境"中"生存"，它们是否能适应该环境的特征和条件，是它们能否继续发展、广泛传播的先决条件。这样的过程自发地将地域建筑技术文化限定在一种特征中，所以一般情况下自然发展的地域建筑文化总是能够保持一定的地域特征。

综上所述，本土的地域技术要素是"深层结构"和"语境"来控制的，而对于外来的、新的技术要素，同样要通过"语境"和"深层结构"来判断、选择和检验。

5.3 地域技术要素向"表层结构"转换及"自我整合"

地域建筑技术文化赖以生存的"语境"是发展变化的，技术系统要素也在随着社会的进步而不断更新，这些变量在地域建筑技术文化生成机制中都会引发地域建筑技术文化的发展和变化。

由于"语境"的变化使得人们需要解决的具体问题发生变化，对外来的、新的技术要素的接受程度也随之发生变化。技术要素不断更新发展的前提条件，是这些变化一定是以本土"语境"的变化为基础的。所以地域建筑技术虽然有先进的技术要素融入，但总是要保持着符合其存在的特定环境信息，如此，传统地域建筑文化的地域性特征延续才能在发展变化中进行，以不断地"自我整合"的过程循序渐进地向前发展。

5.3.1 地域建筑文化"深层结构"与"表层结构"的转换

在建筑技术文化的生成过程中,"深层结构"向"表层结构"的转换一定要通过技术要素的整合。技术系统中各要素的合理匹配,最终形成"表层结构"。如同生命延续中的信息,最终一定要通过具体的蛋白质来体现,而"基因"正是承载那些信息的最小"载体"。"深层结构"对于地域建筑文化来说就是那些"信息",而地域技术要素就是"基因",他们承载了这些地域信息,最终通过技术的工艺要素将主体要素和客体要素按照一定的规则合理组织到一起,形成最后的空间形态。

地域建筑文化的"深层结构"只是原则性的要求,并不是具体的物质个体或要素,它们需要转化为可以最后形成物质形态的实体要素——那些"深层结构"所限定的地域技术的"主体要素"与"客体要素"。这些携带了地域信息的技术主、客体要素需要经过技术系统的"工艺要素"来组织、整合、匹配,生成各种物质形态的技术构件,最终组成建筑的物质空间实体。从抽象的"深层结构"到具象的"表层结构"的转换过程,就是地域建筑技术文化的生成过程。

1. 建筑技术文化的"深层结构"与"表层结构"

建筑技术文化必须通过特殊的形式语汇来表达。建筑技术文化的"表层结构"应该是一个严密的、客观的结构达到的形式结果。早在1828年,德国理论家胡布什(Heinrich Huebsch)就提出建筑中形式与内容的关系:建筑的形式应该是符合功能要求的,"一个严格的客观的结构而达到的形式结果(a strictly objective skeleton for the new style)"[①]。这表明建筑技术文化"表层结构"的产生与其"深层结构"有着非常严密的逻辑关系,正是"有心无相,相随心生;有相无心,相随心灭。"此为"深层结构"与"表层结构"之间的辩证关系,可见"深层结构"对于"表层结构"之重要。

建筑技术文化的"表层结构"指的是能够为人所感受到的、存在于建筑本体的表层客观实体,是建筑文化千姿百态的外部形态,是能够直接被人体会到的一种时代文化表象。它具有一定的地域、时代特征。最终影响其转换发展的是建筑技术文化的"深层结构"——是左右建筑文化形态生成的内在主要矛盾,是地域建筑技术文化"表层结构"之所以产生的主要原因。

在语言学中语句的形成并要使之具有一定的意义和能够让人领会明

---

① 王受之. 世界现代建筑史[M]. 北京:中国建筑工业出版社,1999:36.

白，就需要语法，这是语句形成的法则，是"深层结构"与"表层结构"之间的转换机制。我们会发现不同的语言有不同的语法，而这种语法又被各地的人们所遵守、明白和应用。在建筑中同样存在着一定的语法，这些语法是客观而实在的控制要素，也是建筑技术文化的"深层结构"向"表层结构"转化的法则。建筑结构的逻辑语法控制了"建筑词元"的组合方式。

逻辑语法是相对恒定的，而建筑技术文化的"深层结构"却是因变化的"语境"而异的，所以才会有千姿百态的"表层结构"。"深层结构"决定了"表层结构"，"表层结构"可以有不同的形式，但本质特征一定是来自于"深层结构"。如傣族竹楼和日本的高床式建筑，虽然相距遥远，却有共同的湿热气候区建筑典型特征：高架屋身，其原始目的就是为了通风、防潮、隔湿热，这正是"深层结构"中的环境适应法则控制技术要素的选择与目的。

2. 工艺要素中"工艺、技艺（skill）"在转换中的重要角色

正是在技术"客体要素"与"主体要素"向建筑"表层结构"转化时，投入了大量的人的密集劳动，所以这一过程中将会产生的个性特征不容忽视。"工艺要素"不仅仅是将"主体要素"与"客体要素"合理而符合逻辑地组织到一起，更重要的是，工艺要素中的"工艺"在组织要素的过程中，还将赋予建筑建造过程中细腻手段所产生的个性特征，比如：肌理、质感等。

"工艺、技艺（skill）"在建筑技术系统中属于"工艺要素"，是建设者能够通过自身的工作，把技术"客体要素"与技术"主体要素"合理地组织到一起的过程。这一过程中可以融进建设者个人的审美、技巧等，使得相同的材料可以产生不同的视觉效果，从而产生建筑外观的差异。

地域建筑技术文化发展中，地域"工艺"在其中的作用是有目共睹的。那些丰富的表层肌理是地域建筑技术文化中不可缺少的重要组成部分。

现代很多平庸建筑的出现，是因为建设中对"工艺"的忽视，缺乏细节，使建筑文化趋于简单、平淡、直白。中国古代对于"工艺要素"中的"工艺"是非常重视的。比如对砖材料的二次加工与组合方式的精心设计。众所周知，中国传统建筑向来以木材为主，在传统木构架建筑中，砖仅作为一种辅助建筑材料，然而中国的古代匠人对砖的态度同样一丝不苟。在砖的使用、二次加工、排列上都独具匠心，令砖与墙面具

有表面洁净平整、棱角完整、质感细腻、规格准确的特点。工艺之精巧是中国传统建筑之所以大气恢宏又细腻稳固的原因之一。在古罗马，工匠在砖砌建筑的建造中，也有不同方式的垒砌方法来塑造建筑外表的肌理（图5-8）。这些正说明工艺要素在建筑技术文化生成过程中的重要地位。

3. "深层结构"向"表层结构"的转换

在语言学中，艾弗拉姆·诺姆·乔姆斯基提出每个人都具有一个基本的、或许是天生的能力来理解人与外部世界之间的某种基本关系，它将这种关系描述为"深层结构"。"表层结构"是将这种"深层结构"具象化为句子的形式，比如"男孩看着女孩（The boy looks at the girl）"。而转换规则是我们天生能够理解的，"并且它们使我们有能力生成语法正确的句子。这些转换规则基于将句子组构成短语的种种方式……"① 乔姆斯基所归纳的那些规则实质就是语法。并且同一种"深层结构"可

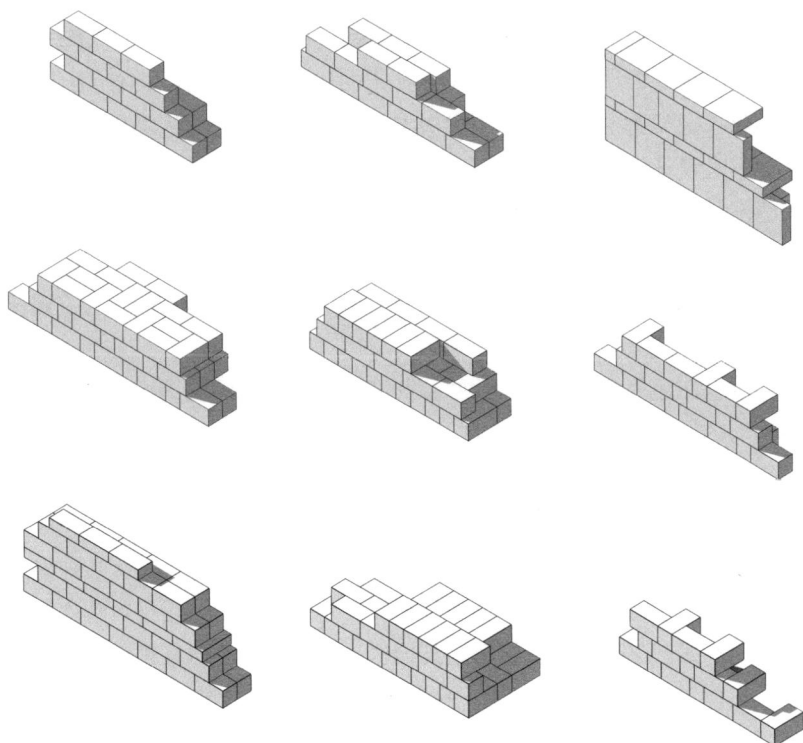

图5-8 古罗马砖的传统砌合方法

① 勃罗德彭特. 符号·象征与建筑［M］. 乐民成，译. 北京：中国工业出版社，1991.

以生成广泛多样的句子。"乔姆斯基的目的意在撰写生成句子的规则系统：固定成套的指令，它们能够自动地导致'正确的'结果"①。乔姆斯基在写出生成核心句的规则后，他又提出进一步建立规则系统的可能性，将句子转换为被动式、否定式、疑问式、强调式、将来式等，这些规则系统形成了乔姆斯基的"转换法则"。

人们同样也编制了一些规则系统应用于建筑。彼得·艾森曼在建筑中的最初尝试，把"转换生成法则"看作是各种构成要素之间的转换：如体是面的延伸、线是面的剩余等。

乔姆斯基将其语法生成的可能性限制在对规则系统的使用。但是我们很清楚，"建筑永远不可能仅凭对规则系统的使用而生成"①。根据弗迪南·德·索绪尔（Ferdinand de Saussure）描述的生成语言新形式的四项变化方式：语音的、类比的、由通俗词源引起的和语言粘结而引起的变化。杰奥弗里·勃罗德彭特认为，对于上述情况，在建筑中都可以找到类似的对应，所以他提出四种转换方式：①实用型的设计，对材料进行反复试验，直到出现一种符合设计者目的的形式；②型类学（型式分类学）的设计，涉及"类似"于某特定文化成分在心目中共有的一种固定形象；③类比型的设计，通过对类比物（通常是视觉的类比）的引用作为某人设计中问题的解答；④规构型（几何的）设计，这些早期设计图的网络和轴线赋予它们以生命。勃罗德彭特认为，"这四种设计方式：实用的、图像的（即型式分类学），类比的和规构的，或者各自独立，或者相互结合，似乎为已经存在的或可被生成的建筑形式的一切方式奠定了基础"①。

所以在建筑符号学中，勃罗德彭特提出建筑"深层结构"向"表层结构"的转换是四种设计类型，即实用型设计（Pragmatic Design）、典范图像型设计（Iconic Design）、类比设计（Analogic Design）、规构式设计（Canonic Design）。

其中，典范图像型设计（也称型类学）是指："设计者从某种熟悉建筑中的一些定形的'意想形态'出发，将它们作为选用材料解决问题的最佳答案。这种答案会恰巧是某地区、某种气候、对某种定型的生活方式提供的最为合适的房屋——构成法的'起源'建筑和'民间'建筑①"。笔者正是欲从那些最为合适的房屋、那些"起源"建筑和"民

---

① 勃罗德彭特. 符合·象征与建筑［M］. 乐民成，译. 北京：中国建筑工业出版社，1991.

间"建筑之所以形成的过程，以及其地域特征的技术原因，寻找设计者可以把握的"转换法则"。那么我们设计的时候就不用单从"意想形态"出发，而是自主地从技术要素的把握出发，明确那些"民间"建筑真正的生成原因。

笔者所论述的"转换"概念，在此不是将建筑视为一种图像符号系统，而是将建筑技术文化看作是建筑技术直接作用的结果，所以"转换"是技术系统要素向建筑形态的具体过程，这种转化过程选择的设计类型应该是理性而具有逻辑性的过程，在此不作更深研究。

5.3.2 "语境"中的"自我整合"促进地域特征延续

地域建筑文化整合的依据是"语境"。"语境"决定了应该选择什么、放弃什么、根据什么来选择。

首先，在正反馈的过程中，"语境"和"深层结构"已经对将要选择的"技术要素"进行了限定，这些技术要素因此携带了地域性要求信息；其次，在负反馈的过程中，所形成的地域建筑文化还要回到出发的起点"语境"中进行检验。适合该"语境"的要素将被保留和延传；再次，"语境"是发展变化着的，所以它对建筑的要求也是变化的，那么相应的技术要素选择也会随之改变，"语境"在发展中修正地域建筑技术文化发展；最后，在发展中不可避免会有外来的新技术要素的传入，必然会对本土的原生地域建筑技术文化产生影响，但是，这些新要素的进入同样要经过"语境"的修正和筛选，即便是在不加批判地参与建造过程的情况下，也需要通过负反馈，在"语境"的检验中确定其发展与传播的可能。这样在发展"自我整合"的过程中，不断地促进地域建筑文化在保持地域特征的情况下向前发展，形成螺旋式上升的发展趋势。

1. 发展中对外来技术要素的接受与整合

在上篇中已经提出了技术在传播中出现的"衍射"现象，就是本土的技术体系对外来的技术体系的接受程度要视阻力大小而定。这种阻力是来自于本土环境的综合内力，对于地域建筑技术文化发展来说，明确地讲阻力就是来自于本土的地域建筑技术文化生长的"语境"。"语境"中包括了自然环境要素和社会环境要素，所以，对于什么样的技术要素适合自身文化的发展存在一定的限定标准。一种外来技术可能在某一阶段是不被接受的，而在另一阶段却是受欢迎的，这是因为"语境"是发展变化的。

地域建筑技术文化的发展存在"语境"是必然的。因为"语境"决定了文化整合中对于各种构成要素的选择标准和原则。基因的传递必然是在一定的环境条件下的传递。地域技术"基因"的形成正是因为地域环境的"约束"。它所传递的信息正是对于地域环境的适应措施的"趋向"。因此,对于地域技术"基因"的传递应该在特定的环境中,而非随处可置的发展。正是因为这样约束的存在,才会有地域文化发展的基础环境。所以在发展地域建筑的过程中,始终不能脱离开地域技术"基因"所赖以生存的"语境",那些"基因"只有在自身成长的"语境"中才能尽展自身的文化魅力。

2. 螺旋上升的发展趋势:发展变化的"语境"

地域建筑文化所"生长"的"语境"是不断发展变化的。一方面,自然环境中资源、能源都会随着人们对自然的不断开发、索取和破坏而发生变化;另一方面,社会文明的不断进步,经济水平提高,审美意识形态也随着时间的推移在发生着变化。

"语境"的变化引发地域建筑技术文化的变化。首先,由于"语境"的发展变化导致人们对建筑的舒适要求发生改变,舒适的标准不断提高,相应的技术手段也要不断改进;其次,经济水平的提高使一些过去不被接受的、花费"过高"的技术手段可以逐渐被接受;再次,审美观的改变对技术的"绿色"程度要求日益增高,将不可持续的技术视为剔除的对象;最后,新型合成材料的发展将逐步取代原生材料,减少对环境资源的浪费。种种变化导致对技术要素选择的标准在不断进步,这样的结果促进地域建筑技术文化持续地向前发展。

从这里我们可以明确,地域建筑文化绝不是一种传统符号的延续,它是随着时代的发展而进步的。在发展地域建筑文化的过程中,适应发展的观念是非常重要的,以"固步自封"式地拷贝传统符号的做法是不正确、不可取的。

6 地域建筑文化发展传承的技术"基因"

技术"基因"的寻找实质上是对地域建筑文化生成机制的逆向思维。当我们面对一种地域建筑的时候，许多内在的影响要素是未知的。在这种状况下通过对地域建筑表象的综合分析，确定那些对地域文化发展有积极影响的地域技术要素，这样，对于该地域的建筑文化发展可以找到传承的依据。值得注意的一点就是，不是所有构成建筑文化最终物质形态的技术要素都是地域文化的传承基因，只有那些对地域建筑文化的特征性起作用的技术要素才可被看作是地域建筑文化的基因。

在生命体中，基因决定了细胞内脱氧核糖核酸（DNA）和蛋白质（包括酶分子）等的合成，是携带遗传信息的最小单位，从而决定生物遗传性状。简单讲就是基因决定了蛋白质如何组织成最后的结果，基因则是要通过蛋白质来表现的。建筑文化的表象如同蛋白质的组织结果一样，需要"深层结构"控制的技术基因决定建筑的蛋白质——物质构成要素合理的组织方式，最后这些构成要素转化成具有某种特征的"表象"——建筑技术文化的"表层结构"。

许多事情关系之复杂往往不能通过世界性的泛泛综括而得以澄清，我们必须对少数几种文化作一番多侧面的理解，才能明晰其中的本质关系，故此下面选择了黄土高原的典型民居建筑案例作为透视建筑技术文化的窗口。

6.1 技术基因的概念

6.1.1 黄土高原地域建筑文化表征的延续现象

民居建筑是地域性建筑文化的代表，各地不同的民居文化都是在历经实践的考验，经过当地居民世代的言传身教、不断地修正得到的结果。经验是一点一点累积而成，居民对自身所处自然环境不断认知，令当地建筑技术不断地趋于成熟。在这些技术成熟的过程中，地域性民居的特征也在不断地被强化，最终形成某种地域性文化表征延续发展的现象。

在民居的建造中延续着传统的技术手段和策略，这些技术手段在岁月中不断发展进步，比如黄土高原地区对"拱"形结构技术的不断改进，形成了各种材料、构筑方式不同的"窑洞"民居。

黄土高原民居"生长"的自然"语境"对技术的选择有很大影响。中国的黄土高原地区地域辽阔，海拔一般在900~1500米之间，土层厚度极大，大部分被厚50~150米的黄土层覆盖，干旱少雨，年降雨量在

250～600毫米之间，土质竖状肌理发育良好，有较好的直立稳定性及较好的抗剪强度，有利于开挖窑洞，并可保证崖壁的稳定和安全。这些自然环境条件促使人们选择利用"土"特性的技术，比如开挖洞穴。

众所周知，人类在最开始的"居住"营建中（在寻找天然洞穴之后），就有穴居的经历，如西安半坡遗址，但那时出现的是竖穴和小型横穴。据考证，"我国有拱形窑室始于汉代，技术成熟于隋唐时期，但窑洞民居的大量出现是在明朝中期黄土高原区森林受到毁灭性破坏之后……"①从横穴发展至真正意义的生土窑洞，需要解决上部覆土荷载问题，从汉代到隋唐历经数百年磨砺，漫长岁月中技术的进步，始终针对黄土高原上特有资源及自然气候条件，才从黄土崖壁横穴慢慢发展至独立式窑洞。在建筑材料上逐渐增加了石材、砖、木材等，但在其最核心的技术上始终保持一致性。因此我们今天才能看到分布在广袤黄土高原上多种样式的窑洞民居。

6.1.2 地域建筑文化发展的基因概念

1. 技术要素成为"基因"的可能性与必然性

首先，基因一定是在一种体系文化延续发展中存在的，且仍具有生命力的。不能适应发展的技术要素，即便是在最后物质形态塑造中非常具有个性特征，也不能成为基因，因为它已没有生命力了。

在上一章中已经对地域建筑文化的生成发展机制进行分析得出：在地域建筑文化的生成过程中，"语境"决定了地域建筑文化的"深层结构"，并且"语境"与"深层结构"一起限定了地域技术要素的发展趋势，更重要的是，"深层结构"一定是通过地域技术要素才能达到向"表层结构"的转化。很明显，地域技术要素已经携带了"语境""深层结构"中的地域信息，所以这些地域技术要素在塑造地域建筑的过程中必然生成明确的地域文化特征。因此，地域技术要素可以成为地域建筑文化发展的"基因"。地域技术要素同样包括客体要素、主体要素和工艺要素。

另一方面，从表象上看，在地域建筑文化的自发性发展中，我们领略了具有明确地域特征性文化的魅力。那么在其自发的传承过程中，为何随着历史的发展能够保持一定的个性神韵？变化是不可避免的，究

---

① 廖红建，赵树德，高小育，等. 西部黄土高原窑洞民居发展中的环境工程问题［J］.西安交通大学学报（社会科学版），2000，（3）：7-10.

竟是保持了怎样的"因子"才会使得这一地域性文化特征得以延续不断，从而使这样一个宗系的建筑文化在"子代"与"亲代"中始终保持着"亲缘"特征？这其中一定存在着某种遗传基因。在传递中由于基因的存在，使得子代的表象特征总是饱含了亲代的"灵魂神韵"，因此才会延续发展成为独具一方地域特色的文化形态。由于建筑技术对建筑文化生成的特殊作用，可以断定技术对于文化的传递同样具有特殊的主导作用。

基因一定是能够承载信息的最小单位，而不是信息本身。因此，由于地域技术的要素往往承载了地域环境的特征，从而表现出地域性特征。所以，地域的技术要素是地域建筑文化的基因。

2. 从原生态建筑看地域技术要素的地域性信息

勒·柯布西耶曾赞扬"伟大的原始形式"，说它"鲜明而不含糊"[①]。因为那些原始形式没有多余的附件，而直接表达了结构的关系。远古时期，人类躲避风吹雨淋的方式仅是寻找一个藏身之处。由于生产力的低下，在最初的房屋建造中往往都是就地取材，泥土、树枝、天然石块、树叶等都成为他们随手可得的建造材料。由于地理环境、气候的空间差异，使得他们从一开始建造就要适应于当地的自然条件，采用的方式自然成为建筑对自然的诠释。由于材料、气候的地域差异使最终产生的建造技术也存在地域差异。于是人类的适应技术从一开始就因地域分异而产生分化，形成地域性建造技术，也因此形成各地区不同形态的地域性建筑文化雏形。随着时间的推移，人们不断地从与自然环境的抗争中获得灵感，日积月累地对原型建造技术加以改进，强化了该地域的适应技术特征。这样随着文明的进步，不断地重复着与自然的对话，技术在进步中持续地应用于这样的对话中，最终形成了不断演进中的地域建筑技术文化。

1964年，保罗·奥利弗（Paul Oliver）在纽约现代艺术博物馆举办了名为"没有建筑师的建筑"的大型摄影展览，展出作品轰动一时，馆长兼人类学家伯纳德·鲁道夫斯基（Bernard Rudofsky）曾经在展览后的书中写道："就某方面而言，他（指示前人类）比现代人拥有更多的实践智慧，因为我们称之为'原始'住所的各类遮蔽物往往都是在生态

---

① 文丘里. 建筑的复杂性与矛盾性［M］. 周卜颐，译. 北京：中国建筑工业出版社，1991：3.

因素的制约下完成的。"①此时的人们在
经历了令人陶醉的现代文明之后，才猛
然发现原生建筑对自然直接、朴素之逻
辑阐释的魅力。正是这些本土建筑，简
单明了地体现出建筑存在于自然环境中
的形式本身与建筑技术之间的内在逻辑
（图6-1）。

　　建筑的初始发生过程就是适应自然
环境的技术过程，这些技术慢慢强化适
应的环境特征，最终成为该地区的特征
性环境控制技术。自人类居所的建造活
动第一次发生时起，所有的为生存而构
筑的居住空间都是在特定的自然环境中
的，由于地理空间分异带来的气候、环
境变化，给处于该环境中的建筑提出了

图6-1　原始的遮蔽物。用稻草和木料自行搭建的
非洲住屋

前提条件。人类与自然抗争的经验让人们在建造居所时，能够因地制
宜，选择与环境适应的、能够尽力满足自身舒适的技术来完成建造。其
中保温、隔热、防晒、通风等室内环境控制技术都会随着气候的变化而
改变，这些技术也成为民居建筑的核心部分。炎热地区的通风、隔热技
术，利用空间组织促进室内的空气流动，如沙漠地带的捕风窗、风塔
等，选择蓄热性强的材料作围护结构来增强隔热，在日间接收、储存热
量，在晚间温度降低时重新释放热量，从而调节室内温度，保证其相对
恒定，由此达到舒适的环境；同时采用一些相应措施减少太阳光的直
射，如增加遮阳棚、减小南向窗户的尺寸等。而在寒冷地带则恰恰相
反，为了获得更多的阳光而增大向阳面开窗面积，利用各种手段来增加
接收阳光的热量，充分利用太阳能，利用导热性强的结构和材料等。所
有这些技术策略都是人类在适应自然环境中慢慢积累的经验，形成建筑
适应气候的环境控制技术。而这些环境控制技术在该地区高频率地被采
用和广泛地传播，使与之对应的空间形态就成为这一地区的文化性标
志，地域性特征由此被强化地延续。这些地域性建筑技术要素就是携带
了地域信息的载体。

① 维基·理查森. 新乡土建筑 [M]. 吴晓，于雷，译. 北京：中国建筑工业出版社，
　　2004：7.

6.2 技术基因的定位

6.2.1 地域文化发展的基因定位克隆

基因定位克隆在医学遗传学上是为了确定在亲代与子代之间"亲缘"性状的主要影响因素，在此，是为了把握建筑文化发展传承中的决定因子。基于前面的探讨，笔者提出技术基因的可遗传性，并提出通过利用医学遗传学的方法探查、确定地域建筑文化"活性基因"的途径模式。

探查、分离"活性基因"的目的有三：首先，证实技术因子在建筑技术文化发展过程中的传承作用；其次，"活性基因"将作为"探针（probe）"用于诊断建筑的地域性状特征；最后，"活性基因"将作为"遗传因子"在建筑设计中进行"埋嵌"，创造多元的、地域性的建筑文化。

通过前文中大量的例证，笔者提出，地域文化是许多具有"亲缘"表征的集合。就是说地域文化是由许多的细节构成的，并非一种因素决定。所以能够控制"表征"形成的"基因"也存在多种。基因的遗传是多样的，对于基因的定位就不可能一概而论。我们不能因为子代中缺少某一种基因就断定它与"亲代"不具有"亲缘"性。只是在亲缘性的程度上存在差异而已。基因遗传方式可以是单基因、多基因的遗传，也可以是显性基因与隐性基因的遗传，这四种方式是交叉存在的。

在此借用医学遗传学基因定位克隆的方法，提出找寻地域建筑文化的遗传"基因"的途径模式。定位克隆的流程在医学上是为了真正从基因组中彻底分离出致病基因以便研究遗传病的病理基础。可借用到建筑文化研究中探讨建筑文化的发展问题。

根据医学遗传学研究的基本策略，只有从基因组中彻底分离出致病基因，才能从根本上研究遗传病的病理基础。通过定位克隆流程寻找致病基因，在医学上可以帮助人们找出致病基因，以研究遗传病的病理，预防疾病的发生。但在建筑上，却是为了相反的意义：希望得到那种能够支持地域性文化结果的"作用基因"，从而在今后的建筑设计中把握技术。具体方法如下面框图所示（图6-2）。

基因在建筑文化中表现为技术系统中的要素，包括客观要素和主观要素及工艺要素三部分。所以基因并不是以一种纯粹的物质状态存在的。这一点与生命体中的基因是有所区别的。那么基因究竟是什么？是具体的构件、意识形态的思想、把握方法的原则，还是地域技术？笔者认为在建筑的设计建造中，"基因"应该是能够"携带"地域文化信息

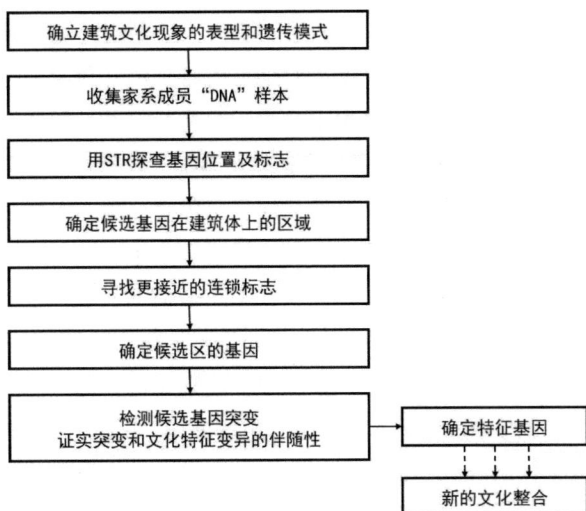

图6-2 找寻地域建筑文化的遗传"基因"的途径模式示意图

的技术要素，并不是具象的形态本体。在定位克隆的过程中，我们观察的是某一种地域建筑文化连续发展中的同质现象，在那些重复性出现的表象单元背后寻找技术的支持。在此以富于地域特征的黄土高原民居文化为例进行分析，具体过程如下：

第一步：确定建筑文化现象的表型和遗传模式。中国黄土高原地区的民居建筑类型大致可分两种，即窑居和房居。表型包含了窑洞的各种存在形式：靠山窑、独立式窑、地坑窑及房居的单坡屋顶房、双坡屋顶房，其中还包括由于材料的变化而出现的砖箍窑、石箍窑、土窑。遗传模式都是通过当地居民自己动手沿袭着这一地区的传统形式，属于自发性的发展。

遗传模式在医学遗传学中指的是基因是通过常染色体还是性染色体遗传，是显性还是隐性遗传。在此所讨论的建筑文化遗传模式是指文化的传承方式是通过何种手段进行的。

第二步：收集家系"脱氧核糖核酸（DNA）"样本——一种地域建筑的全部地域文化特征。克隆流程的目的是找到地域性特征文化延续的基因。"脱氧核糖核酸（DNA）"是由许多基因组成的，基因就是具有遗传效应的"脱氧核糖核酸（DNA）"片段。一个"脱氧核糖核酸（DNA）"上可以有很多基因。每一个基因可以代表一种结构的文化特征，每一种地域文化特征是由许多具有相近"性格"的小结构共同组成的。如同谈到四川文化会令人马上想到辣椒、火锅、麻辣烫一样。"脱氧核糖核酸

（DNA）"样本是被特定环境整合到一起的，具有相同的"趋向性"的文化现象。但是，究竟哪一种基因对地域性特征的文化起作用，这是我们所关心的问题。在未知的情况下，收集含有特征性基因的"脱氧核糖核酸（DNA）"片段是必需的第一步，在所有的"脱氧核糖核酸（DNA）"样本中圈定目标。因此在黄土高原地区，对传统村落的民居建筑进行状态调查，对这一地区民居的表象特征进行现状收集、整理、归纳，包括建筑材料、建筑空间形态、结构形式、工匠施工工艺等。

第三步：用短串重复序列（short tandem repeat，STR）探查基因位置和标志。在此引用这一术语，指代地域建筑文化中特征性的重复"构造短语"。黄土高原建筑的窑洞民居建筑中的重复性"构造短语"是窑脸构造、覆土保温隔热屋面、土坯砖围护墙体等。作为探针，是已知的短串重复序列，是一定序列的基因排列。在医学上，因为基因配对法则，A–T，C–G是固定的，所以用已知的短串重复序列（STR）探测未知时，如果相配就会反应，不相配则不会发生反应。同理，在建筑中用已知的"构造短语"试探未知特征的建筑"构造短语"，如果相互可以逻辑搭接，形成合理的整体，说明"相配"，即说明未知的"构造短语"含有该特征基因。短串重复序列（STR）是高频率出现的。既然是在一种地域性文化中高频出现的"结构短语"，一定是这一地区内非常容易识别的"地区符号"。用最令人熟悉的部分来做探针，本身就是为求得此种现象背后的基因。

第四步：确定候选基因在建筑体上的区域。确定候选基因的区域应该从出现特征短串重复序列（STR）频率最高的区域选取。因为短串重复序列（STR）只是表象的特征重复，是技术系统中的哪一部分要素在起作用则需要进行分析。在得到与已知短串重复序列（STR）相适配的部分后，就可以确定一个范围，在这个范围内进一步寻找。比如是属于结构范围，还是装饰范围，抑或是围护结构范围？

第五步：寻找更接近的连锁标志。"连锁"在医学遗传学上是指致病基因与相连的几个基因总是固定出现在一起的，具有连锁特性。从医学上讲，找到连锁标志就一定会找到致病基因。同理，在建筑上进一步寻找连锁标志，一种基因总是与相关的结构固定地出现，当找到这些固定的连锁标志后，就意味着找到了所要寻找的目标基因。连锁标志相对于基因来说目标较大些，相对容易寻找，这样会离真正主导地位的基因更接近一步。比如一种装饰构造和围护结构联系紧密或者和承重结构联系紧密，在一种地域文化中可能总是以固定的"连锁"方式出现在一起，成为固定的搭配。

第六步：确定候选区的基因。通过前面的步骤，在收集到的全部"脱氧核糖核酸（DNA）"样本中，通过探针的探测，找到相适配的部分，确定区域，进一步找到连锁标志，最终在这些"脱氧核糖核酸（DNA）"样本中间找到预选"基因"。在找到连锁标志后就可以确定目标基因了。

第七步：检测候选基因突变，证实突变和文化特征变异的伴随性。候选的目标基因找到以后，需要通过检测以确定其伴随性，验证它是否是我们所要的目标。需要通过实证确定含有目标基因的子代与亲代存在某种相对应的"亲缘性"。即只有此基因存在于建筑文化中时，才表现为与亲代的"亲缘"性状。反之，不含有目标基因的子代与亲代之间的相对应的"亲缘性"就会消失。

如此证明我们找到的基因是我们所需要的。这里之所以用"相对应的亲缘性"，是因为"亲缘性"的表征不是仅一种，许多亲缘性表征的集合构成了个性特征的地域文化。比如一种地域文化的个性表征包括：高架屋身、坡屋顶、明确的地方材料肌理等。而在子代的表征中可能只出现其中的一种或几种"亲缘性"表征与亲代相对应。

同时，基因也是多种的，在亲代与子代的传递中，基因可以是单基因遗传，也可以是多基因遗传。也因此才会产生遗传中的丰富变化。正如"一母生九子，九子各不同"。但是只要有一种特征性基因的存在，子代就会有一方面与亲代产生"亲缘"表征。

6.2.2　黄土高原地域建筑文化的基因定位

从地域特征基因到地域建筑文化表征的形成，需要从"深层结构"到"表层结构"的转化。建筑技术文化的"表层结构"应该是一个严密的、客观的结构达到的形式结果，"有心无相，相随心生；有相无心，相随心灭"的原则表明建筑技术文化"表层结构"的产生与其"深层结构"有着逻辑的必然。在黄土高原上的民居建筑技术文化的表现，与其所遵循的环境适应法则有着必然的联系，并由环境适应法则所控制。地域环境的适应法则通过转换机制决定了材料、空间形态的组合方式。

虽然黄土高原的民居类型多样，即"表层结构"存在不同的形式，但本质特征是来自于"深层结构"。因此，抛开表面现象看其本质，黄土高原的民居都有黄土高原地域适应性特征，如对"土"的利用，对"水"的储藏，对保温技术的特殊要求，等等。

对于存在的差异，如窑洞的不同形态表象，是建立在共同的深层结构基础上的。根据建筑结构的逻辑语法控制建筑词元的组合方式，窑洞民居的词元可分为：窑脸、受力窑腿、拱形天花、保温层等。每一部分会根据不同的情况而变化。窑脸的变化在于其不同的材料、色彩、工艺及不同的采光面积比例；受力窑腿的变化在于不同的受力材料及附加外饰；拱形天花的区别在于材料差异和形态差异：单心拱、双心拱、三心拱等；保温层的差异在于建筑与环境的关系：独立式窑洞覆土、下沉式窑洞用地表土层、靠山式窑洞依托山体等。

1. 黄土高原地理自然环境与地域文化表征

黄土高原自然景观独特——拥有世界上新生代第四纪发育最完整齐全的、厚度最大、大面积连续分布的黄土地层。黄土高原的地貌类型基本分为四大类：黄土塬、黄土梁、黄土峁、黄土沟壑（图6-3）。地理学在划分地貌区域时，可大致分为：基岩山地区、丘陵沟壑区、黄土塬、河谷阶地等。地貌空间分异存在规律性，这种规律是由于地貌的形成和发展过程所决定的。以陕西为例，在地貌大势上，西北高、东南低。地理自然环境的空间分异存在规律性：纬向地带性的空间分异，由南向北地貌变化依次为河谷阶地——黄土塬、黄土台塬、黄土破碎塬——黄土丘陵沟壑。经向地带性的空间分异：由东向西地貌变化依次为河谷阶地——黄土破碎塬——黄土塬——黄土丘陵——基岩山地。垂直地带性的空间分异：海拔由低向高地貌变化依次为河谷阶地——黄土台塬、黄土塬——黄土丘陵沟壑——基岩山地。

图6-3 黄土高原地貌：塬、梁、峁、沟壑、河谷阶地

黄土高原水系属于黄河流域，主要的河流都是黄河的二级、三级、四级支流，如渭河、泾河、洛河等。河流的流势和分布与地貌的空间分异之间存在内在的联系。如：河谷阶地多处于黄河的二、三、四级支流的中下游，水源较充足；黄土塬、黄土台塬多处于黄河三、四级支流的中游，水源相对充足；黄土丘陵多处于河流的上游段，有很多的小径流，由于黄土高原地理环境的特征，使得这一地域内的地域文化表征以"黄土"风情成为典型代表。

2. 黄土高原地域建筑文化家系"脱氧核糖核酸（DNA）"样本收集

在收集家系"脱氧核糖核酸（DNA）"样本之前，第一步先确定建筑文化现象的表型和遗传模式。传统民居是指历经延传而持久存在或反复出现的，经过居民长期选择、积淀，具有成熟稳定的形式特征及历史风格，并能代表一个地区的典型民居建筑。在黄土高原上窑洞民居、土坯房民居文化代表了这一地域的特征性建筑文化，在大部分地区属于自发性的遗传模式，意味着很少受到外界的干扰而自成体系。其表型特征可以分为两大类，即窑居和房居。其中窑居又可分为生土窑（包括土窑、接口窑、地坑窑）和箍窑（包括独立式或靠山式石箍窑、砖箍窑）。房居主要是单坡屋面或双坡屋面的土坯房、砖房。民居单体的组合形式也有一定的规律，从而形成一定的组合形态。组合形态指的是单体建筑相互之间以某种组合、联系方式构成院落。院落形态有"L"形院落、三合院、四合院等。组合方式有窑洞院落、窑房混合院落、房居院落等。

第二步就要采集家系的"脱氧核糖核酸（DNA）"样本。在未知基因位置的情况下收集一切样本，分解建筑，按照材料、结构、构造、装饰几大类分别收集。在此，需要做大量的民居状态调查。笔者通过对黄上高原具有典型性的几个村落，包括丘陵地带的延安枣园村、庙沟村，以及黄土台塬的耀州区药王村，近40户的民居状态详细调查，收集了大量的一手资料。通过对这些调查问卷和民居实态图片资料的分析，归纳出其共性特征（这里主要以丘陵地带民居案例分析为主）（表6-1）。

材料：在黄土高原上的民居建筑多采用当地易取得的自然材料进行加工，黄土成为首选的建筑材料。对黄土的加工形成几种建筑材料模式，首先可以直接利用黄土的黏性夯土（图6-4），其次用传统工具将黄土打成"胡其""土坯砖"，再次就是将黄土烧制成砖来使用。另一种天然材料的选择就是石头。石材的获取位置主要在基岩山地和丘陵地

	黄土高原窑洞民居文化表相短语	相关技术要素	技术要素分类
1	肌理、色彩	材料技术、保温技术、工艺	客观要素、主观要素、工艺要素
2	拱形窑脸	拱结构技术、采光技术	主观要素
3	拱形天花的多种形状	拱结构技术	主观要素
4	厚重的屋顶形态	保温技术、构造技术、材料技术	主观要素、客观要素
5	窑脸装饰	材料技术、构造技术、工艺	客观要素、主观要素、工艺要素
6	窑腿	材料技术、结构技术	客观要素、主观要素

图6-4　黄土高原传统施工工具及传统"夯土"建造方式

带，那里石材较多。石头在当地建筑的使用上主要有两种形式：其一为打造成石块作砌块使用，其二为雕琢表面纹理作建筑表面的装饰材料使用。

结构：在窑洞式建筑中，"拱"形结构是典型的特征，即使"拱"的形状有所差异（半圆拱、单心拱、双心拱、三心拱等）。在房居建筑中多采用木质梁架结构体系，土坯砖墙作围护结构。

构造：窑居建筑中的土窑是利用黄土的竖向肌理挖掘而成，构造部分主要是窑脸做法，其他构造如拱顶、窑腿和拱顶覆土是融为一体的。箍窑中构造分窑腿、拱顶、窑脸和窑顶覆土，覆土是窑居建筑的一种特殊构造做法。房居建筑的构造包括：屋顶、屋身、基础，屋身又包括门、窗、墙。

装饰：在窑居建筑中装饰主要体现在窑脸上的木质窗格工艺，以及窑脸周围墙壁的外表装饰。在房居建筑中装饰要依据所采用的材料而定，材料的肌理成为建筑外表装饰的重要内容。

3. 基因克隆定位

1）"探针"及"家系'脱氧核糖核酸（DNA）'"样本分析

根据黄土高原的特定文化寻找"探针"——短串重复序列（STR）。"探针"短串重复序列（STR）在黄土高原上具体是什么？要通过对黄土高原的文化特征进行分析方能确定。尤其是对于相近"亲缘关系"建筑类型的比较、归纳，就需要对"趋同"类型的民居建筑进行综合分析，在"趋同"的表征中找寻共同"短语"的存在。"探针"短串重复序列（STR）在黄土高原上就是黄土高原民居建筑中的高频重复性"构造短语"，比如已经形成地域文化符号的窑脸，以及房居建筑的土坯墙。探针的寻找首要了解黄土高原民居建筑的发展状态，"趋同"与"存异"现象共存，实则"大同"而"小异"，在"趋同"现象中寻找高频率出现的"构造短语"，就是短串重复序列（STR）探针。

2）黄土高原地域建筑文化的趋同分析

黄土高原地域建筑文化的趋同表现在很多方面，比如材料的趋同，内部空间的形态趋同，以及组合形态的趋同。首先分析黄土高原民居生活状态的文化特征。

"土"——材料、民俗特征："土"文化是黄土高原传统民居的共同特征，表达的是对黄土的利用。从"掘土为窑"到土坯砖垒建的土坯房，从夯土的院墙到房内的灶炕，许许多多的生活用具都离不开黄土，甚至还有"土"食品。这种对"土"独有的情结，塑造了黄土高原特有的黄土风情，"土"成为黄土高原传统建筑的标志。并且"土"材料的使用方式随地貌的空间分异而发生变化。

"水"——生活方式特征："水"文化——却不是因为多水的缘故，而是因为干旱的气候所变通出的多种集水措施，紧密地与建筑联系在一起。如"四水归堂"的单坡四合院，以及院落中的集雨井、集水窖，这种"藏水"与江南水乡的"露水"在形态上是截然相反的，而其在生活中所起的作用是相同的。

传统农耕文化——空间特征、生产方式特征：黄土高原历史上就因其土质松软、易于耕种而繁衍出古老的文明。由于自然和历史原因，黄土高原的地貌形态发展至今已沟壑纵横，使得现代交通不发达而极少受外界新技术新思想侵扰；同时，也由于这种地貌状态只适于传统农耕，因而使得这种古老的农耕文化保留至今，从而使民居的生活空间充分体现了农耕文化的烙印。

聚落景观特征：天人合一的观念内含了许多朴素的生态思想。这种观念在中国历史发展中占有相当重要的地位。受这种传统观念的影响，黄土高原传统民居首先表现出接受上天的制约，在各种地貌空间带中顺应自然环境，因地制宜，创造出不同的文化形态。如在丘陵沟壑区中选址时多选择冲沟及河川地北侧阳光充足的坡地或山崖。在建造时，对自然环境加以最小的变动，使建筑融入环境中（图6-5）。其次是对建筑材料的使用，黄土高原多数居民选用黄土这种纯天然的、随处可取的"环保"材料进行建设，废弃后仍可还于自然，而不对环境造成损害。

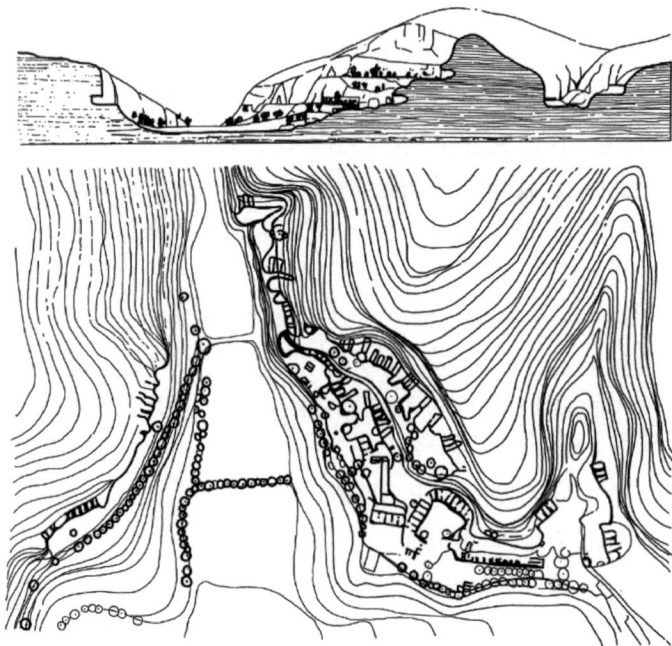

图6-5 黄土高原典型冲沟村落景观

内部空间组成：传统消费方式与村落的传统生产方式、生活方式息息相关。由于地理位置的偏远和交通的不便，许多黄土高原传统村落村民仍保持着过去日出而作、日落而息的生产生活方式，消费方式也相对滞后于现代生活。这种消费方式的突出表现在于对自然资源的无节制利用以及对可再生资源简单的"使用——废弃"过程。这种消费模式影响了传统民居建筑的内部空间组成和比例：如灶房要有大面积堆放燃料的空间，灶炕相连使厨房和起居空间（图6-6）联系方式受到限制，而对可再生能源，如太阳能，不能通过空间的组合加以利用等。

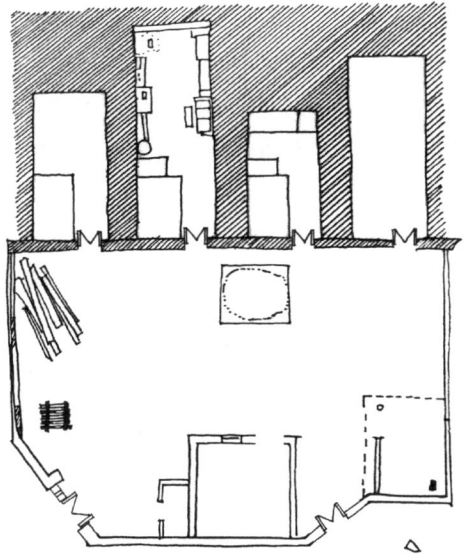

图6-6 黄土高原村落靠山窑院落，庙沟村某宅平面

通过分析黄土高原民居建筑的"亲缘"性状，得到出现最频繁的表征短语：窑洞的窑脸，以及房居建筑的土坯砖墙。

3）地域文化的存异现象分析

黄土高原地域文化存异现象主要体现在如下四个方面：材料、工艺、空间形态、景观等。

材料变化：虽然黄土高原地区的民居建筑材料主要是"土"，却仍然存在不同的使用方法。材料的不同使用方法导致建筑外表肌理存在差异。土可以直接利用：挖掘窑洞，或者夯土筑墙；进一步使用的方法是"胡其"——土坯砖垒砌墙体，还有烧制的青砖。

工艺差异：由于黄土高原的民居建筑多为自发建设，工匠技巧各有不同，对于材料的把握熟练程度也存在差异。于是在建筑的工艺方面，能够体现更多匠人的工艺个性特征，从而导致装饰特征存异。由于材料的使用方式存在变化，其施工工艺自然不同，于是产生了不同的表象肌理。对于土坯砖的垒砌方式也因工匠的个人喜好和审美差异，存在不同的纹理图案，使同村落的民居建筑即使采用相同的建筑材料，仍然会产生不同效果的肌理。

空间形态差异：黄土高原上的主要民居类型有两大类：窑居和房居。窑洞又分为靠山窑、接口窑、独立式窑等。房居主要是单坡屋顶形式。它们之间无论内部空间形态还是外部空间形态都存在明显的差异。

首先，窑洞民居的内部空间拱形的天花与房居的坡屋顶构成的内部空间迥然不同。其次，其外部空间形态也由于形式的不同出现很大差异：靠山窑外部形态与山体融为一体，接口窑在山体侧突出很少一部分的构筑空间，独立式窑由于屋顶厚厚的覆土呈现憨拙的立方体形态；而单坡屋顶的房居则明显区别于窑居形态，颇像中国传统屋宇的一半。

此外，与水相关的功能空间因地貌分异也存在变化，在形态、位置、使用方法上都有差别。在黄土丘陵沟壑区体现为多选择冲沟、河川地依山就坡建设，汲水空间在沟底或沟边，脱离住宅：如山西省汾西县师家沟窑居村落，陕西省米脂县冲沟村落、延安市小寺沟村落等；在黄土塬及黄土台塬区，汲水空间与宅院结合在一起，在院落的中心或一角，建造集雨井储备生活用水。

景观差异：根据实地调查和资料显示，窑居与房居的分布有很大的分异。其中窑居形式主要分布在陕西黄土高原的丘陵地带，地坑窑主要分布在与河谷阶地相接的黄土台塬上，房居形式主要分布在河谷阶地及大部分黄土塬上，而在丘陵地带与黄土塬交接过渡的地带，是窑居和房居混合出现的地带。这样的分布特征，与地貌空间分异规律是相符合的。

黄土高原的传统民居根据各自的形态特点，采取不同的组织形式联系，与其周围的自然环境一起形成多样的景观文化特征。其景观特征与地貌的空间分异有密不可分的关系。丘陵沟壑区：土窑和靠山窑因借山势的变化，呈现出层层叠叠、随坡就势、附于山体的特征（图6-7）。黄土破碎塬及台塬区：地坑窑完全融入环境，是进村不见村的景观特征（图6-8）。黄土塬及河谷阶地区：独立式窑洞连成排状，是整齐划一的景观特征；四合院房居是匍匐于大地的分散组团状景观特征，而其共同

图6-7　靠山窑景观

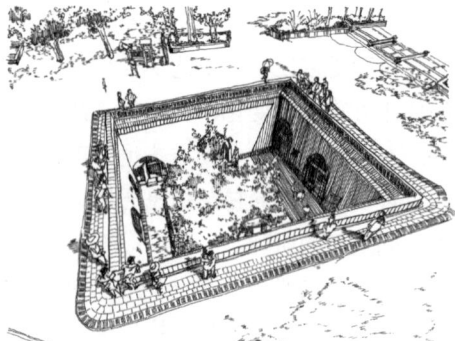

图6-8　地坑院景观

的特征是无中心自由式发展。

院落空间也存在差异。每家每户的院落布设都包含家畜、家禽的圈舍和窝棚，这种布设带有很大的自发性，由此必然导致其空间形态发展得多样、多变、偶发和不稳定，因而使宅院空间形态及村落空间变化多端（图6-6）。同时，农耕文化在地貌空间分异中也存在差别，这种差别反映在建筑附属空间的功能、面积的变化，以及局部构造方式的变化。如种植与养殖的比例不同，生产资料所占的空间比例也随之发生变化。

根据上文中对黄土高原地域建筑文化"趋同"特征的分析，以及家系"脱氧核糖核酸（DNA）"样本的收集，经过用"探针"进行比较、探试，最后确定一系列的黄土高原地域性建筑技术是承载了地域文化信息的"基因"。

6.3 地域建筑文化发展的可行方式探讨："基因埋嵌"

文化发展中可能会出现几种情况：显性遗传，是明显的地域"符号"特征；隐性遗传，是适应当地状况的"内敛"特征。此外，由于基因在发展中所起作用的数量而分为：单基因遗传和多基因遗传，它们会出现地域特征的单一性状或多性状表现。

地域建筑文化特征不应该只停留在民居范围，城市建筑也不应停留在"现代化方盒子"的雷同面孔状态。面临地域文化丧失、文化趋同的挑战，城市建筑的发展如何在基于本土特色的前提条件下进行多元化创造，继承地域建筑文化特征。笔者尝试构想"基因埋嵌"的方法来发展地域建筑文化，更加理性地、逻辑地面对现代技术的冲击，努力创造有机的、可持续的，同时也是地域的建筑文化。

前文中已经通过对黄土高原民居文化的分析，证实了一系列的黄土高原地域性建筑技术是承载了地域文化信息的"基因"。所以，地区建筑学的发展起点是地域性建筑技术。

通过大量分析证明，技术对于建筑文化具有十分重要的作用。技术系统的复杂性和本质矛盾性都为建筑文化的多元发展提供了契机。地区建筑学的目标是发展个性的地域文化，促进世界建筑文化的多元发展。我们所要努力的方向可以通过对技术的理性把握来实现。一方面，以积极的态度面对"新技术"的到来；另一方面，以理性的态度对待传统技术。对于地域建筑文化的特色延续发展，可以通过对传统地域技术"基因埋嵌"的方式，保持地域性文化的神韵。

在地域文化的传递中遗传技术基因种类繁多，在亲代与子代的传递过程中，可以自由选择和组合遗传因子，产生的子代各不相同，但仍然具有亲代的神韵。

丹下健三设计的广岛和平纪念馆，就是一个很好的例子（图6-9），他将日本传统建筑中的高架屋身的做法及细腻的工艺手法融进他的创作之中，我们最终看到的这个建筑既是现代化的，也是地域性的，虽然它不是日本传统建筑的翻版，却在传统"技术基因"的埋嵌中，理所当然地实现了自身的地域性文化特征延续。这样看来，城市的建筑也可以拥有明确的地域特征。

6.3.1 地域建筑文化发展的技术手段

"技术是由若干相互依存、相互作用的要素连接和组成的系统"[1]。由于技术系统中的构成要素都是必要的，一般来说，没有哪一个是决定性的和主要的。所以对于地域文化的传递是由很多种技术基因共同构成的，没有绝对的哪一种基因是遗传过程中的起主导或决定作用，所以才会出现同宗系的建筑文化多样的繁殖。因此，在亲代与子代的文化传递中可以有单基因、多基因等不同组合传递方式。而事实上，传统文化的"基因"在子代中保留越多，子代与亲代之间的相似性就越多，发展的脚步也会越慢。如果完全照搬，岂不是停留在"故步自封"的状态，还有什么发展可言？所以在发展中没有必要为了保留而保留，只要是合理的、可行的、有机的，那么"基因埋嵌"的"量"的多少不会影响地域

图6-9 丹下健三广岛和平纪念馆

---

① 陈昌曙. 技术哲学引论［M］. 北京：科学出版社，1999：102.

性文化的健康发展。相反，还会因为差异的存在，促成更丰富的结果。虽然"量"上有所差异，但在结果上都存在该地域的文化特征基因，因此仍然可以保持地域文化特征，仍旧会给居者带来归属感。

随着时间的推移，一个体系的建筑文化会多样化，但它们有明显的"亲缘"性状，存在共同的地域性特征，同时也会有"异己"的存在。最原始的形态会随时间的推移缓慢地发生变化，而新的"子代"中不断出现新的性状，但总体上仍然保持了地域性状特征。这一点更加证实了技术基因的文化遗传特性。

因此，建筑技术的文化遗传特性可以被建筑设计者很好地利用，并通过对于地域建筑技术"基因"的把握和在地域建筑设计中的"基因埋嵌"，保持建筑的地域性特征。

6.3.2 枣园绿色住区中地域特征基因的埋嵌

陕西省延安市枣园村是在20世纪末由西安建筑科技大学承担的国家自然科学基金重点项目"绿色建筑体系与人类住区模式"的综合示范点。它地处陕西省延安市区西北7公里处，位于西北川的一连山与二连山的山坡上，坐北朝南，北面高山环绕，南面是西川河及川地，具有典型黄土高原丘陵沟壑地貌特征。其村中住户大部分住在砖石窑洞（图6-10），总体布局自然形成，状态零散，土地浪费较严重。其村落空间组织形式，在当时仍以传统的农耕生产方式为主，村民维持原有的简单消费模式：利用—放弃，不重视对资源的节约和合理化使用，缺乏系统完善的生活服务设施。根据地貌空间分异规律，枣园村的建筑主要分布区域集中在海拔较高的黄土高原丘陵地带，在这样的"语境"中，村民选择与该地带相适应的民居建筑形制——窑洞建筑。

图6-10 传统窑洞窑脸

"基因埋嵌"遵循技术系统的层次结构。技术系统包括三大部分，即客体要素、主体要素和工艺要素。通过"基因埋嵌"，在子代的表象中可以体现技术系统中不同要素群的基因传递。就是说，"基因埋嵌"可以通过不同的要素以不同的手段体现文化的延续。方法不是唯一的，结果是具有一种"趋向性"的。

1. 建筑技术文化整合

对原型文化特征的继承。传统的建造技术及构造方法，赋予这里的民居建筑拱形的建筑内部空间和外部形象特征，这种特征是传统技术结合自然环境的产物，其中蕴含了许多朴素的生态思想，构成了陕北黄土高原传统建筑文化的原型特征。其原型的生命力在于它对环境的适应力，所以在新村的建设中，延续了传统的"符号"特征，与此同时继承了传统"土"建筑材料保温性能良好的优点，并通过技术改造使其耐久性能更完善。此外，选址位于河川地北侧阳光充足的靠山坡地上，合理组团式布局，少占耕地且靠近水源。

在"语境"中对纷杂的新技术进行"梳理"。由于黄土高原传统建筑技术文化的固有特征已经被当地居民所认可，对于该地区文化脉络的延续需要考虑采纳利于其文化特质发展的要素及与之相容的要素，同时剔除那些不相容的技术要素。这一点验证了衍射现象的存在，对先进技术的接受和外来技术的传播需要有所选择，对于相容技术予以接受，对不相容技术予以剔除。

黄土高原窑居文化的延续，应该在本土"语境"的约束力中，保持其核心地域技术基因，对外来的"新技术"在本土"语境"的前提下进行选择，接纳利于本土文化特征趋势的技术内容，剔除那些不相容的且与本土文化的方向相矛盾的技术要素，并加以整合，最终形成新的地域文化形态，保持了传统地域文化的精华，而又有了新的发展（图6-11）。

2. 利于自身特色的技术要素的开发

首先对地域"技术基因"进行判定，肯定那些仍然具有生命力的"技术基因"。传统"技术基因"包括：材料技术、保温技术、采光技术、装饰工艺、拱结构技术等。在经过分析后进行认定：首先，传统的保温技术及拱结构技术是需要继续发挥作用的地域技术基因，因为这两项技术是在现有的条件下合理解决居住舒适问题的技术，让建筑的室内冬暖夏凉，并且降低能源消耗；同时这两项技术所支持的地域形态文化是当地居民认定的、亲切而有归属感的形态文化。其次，可以接受部分"新"材料技术，比如预制混凝土楼板、铝合金等，当然这些材料的应

图6-11 异于传统窑洞的新形式

用并没有打乱原有拱结构技术的秩序，它们作为改善原有空间的组合形态时必不可少的建筑材料予以补充进来，增加了室内空间的竖向分割，在窑脸前添加"阳光间"。再次，装饰工艺作为传统的手工艺予以继续保存，如窑脸贴面石材的纹理打造、窑脸门窗花格的雕琢等。最后，将部分传统技术加以改进与提升，提高技术性能，在利用中加以发展，比如通风技术或者利用地窖降温技术等（图6-12）。

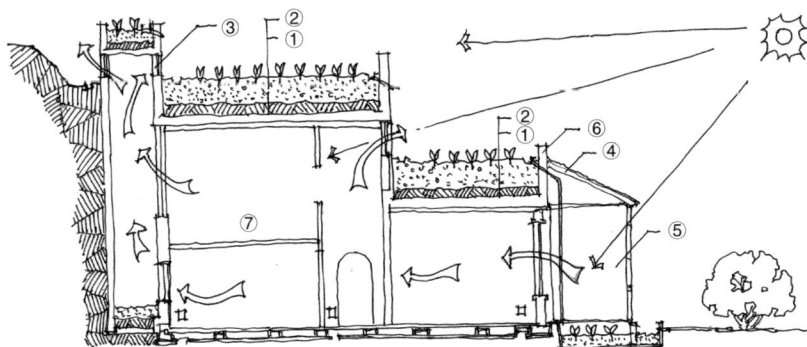

图6-12 枣园绿色住区，黄土高原窑居建筑发展的技术"基因埋嵌"
传统地域技术：①拱结构技术 ②覆土保温技术、土材料 ⑥传统工艺装饰
改进的技术：③通风技术
接受的"新"技术：④太阳能收集装置 ⑤阳光间、新材料 ⑦预制混凝土楼板

枣园新村对于技术的选择依循文化整合的原则，对传统地域技术进行合理再利用并使其升华。不是被动地顺应自然，而是充分发挥人的主动性，在满足人的需求、提高生活质量的同时，符合自然生态平衡的发展规律。传统民居的营建中，利用当地资源作营造材料，就地取材，使用后仍可归还于自然，对生态环境的物质循环毫无影响的做法，在新村中得到继承和发扬。对外来技术依据当地文化特质进行选择，采用利于当地文化脉络延续的"新技术"，选择相容的适宜技术。在此，适宜技术是指适合当地环境、当地材料和当地经济发展状况的技术。新村在建设中对当地传统适宜技术进行了科学化的改进，使之在发挥其建筑节能技术优势的同时，融入先进的物理环境控制技术，使建筑更节能，提高室内环境质量，同时因其经济合理而利于推广。具体采用被动式与主动式集热系统，太阳能热水供应系统，太阳能光电转换与换气系统，新型集热、保温、透光材料，氧化塘技术，夏季自然空调系统，地冷地热能系统等。这些技术的采用不影响传统技术文化在自己特质上的继续发展，同时改善了居住环境质量。

根据枣园新村建设的经验，在发展地域建筑文化时应该注意以下三个方面：

首先，选择性地接受外来的新技术、新结构、新材料。在新式窑洞的建设中采用了部分新材料，如部分采用预制楼板分割上下空间、阳光间的利用，从而改变了内部、外部空间形态，使传统窑洞单层单向的一孔窑或几孔窑并列形成的空间形式转变为二层灵活多变的空间组合形式。令单调而沉闷的空间组合方式变成适应现代农民的生活、交往和审美需求的空间形式。

吸收新技术对传统消费模式进行改进，鼓励对新型能源的开发利用，如对太阳能的利用；放弃对不可再生资源的浪费行为，注重环境和资源的可持续性。节能、节地、节水成为新村的消费模式标尺，从而对建筑的生活空间比例、尺度及联系方式重新整合。

其次，正视发展过程中传统文化的时效性。理性看待地域文化的未来，对于文化脉络的延续绝不是停留在简单地复制过去的层面上。在外人看来的许多新技术、高技术在黄土高原地区不可能短期内被接受。建筑技术文化的各个层面都有一定的时效性。尤其是作为表层文化的外部空间形态是当地特色文化的代表，已经具有很长的历史。新技术应该有新形式所呼应，这是建筑技术文化必然的发展趋势。对于黄土高原的特色文化也不会一成不变地"拷贝"下去，但是需要时间，这也是文化延续的一种方式。充分考虑文化的时效性，就不会突兀地将完全、彻底的新形式放置到毫不相融的背景中了。

最后，正确看待技术与自然的关系。生态理念应该是发展地域建筑文化的首要准则。顺应自然、最低程度地侵扰自然是在文化整合过程中选择适宜技术的一把标尺。对传统技术不能因其过时、陈旧就全盘放弃，对于新技术不能因其科技水平含量高就全盘接受。理性分析各种技术与当地自然环境的关系才能把握技术应用的方向和发展趋势。

7 "相随心生"——有机理念的再生

通过第5章对地域建筑技术文化生成的分析，论证了地域技术要素在地域建筑文化生成中的重要作用，并在第6章中对地域技术要素的地域文化信息传递作用进一步证实。基于此，笔者在此提出地域建筑文化发展的基本理念应该是"相随心生"，而不是表面符号的拷贝。因为那些原生性地域建筑文化所具有的地域形态文化特征来自各地域技术要素的内在支持。没有这些技术要素，就会丧失那些属于该地域的文化特征。

7.1 反思历史建筑的"相随心生"

7.1.1 情理相依——中国传统文化的"相随心生"

建筑文化的表象形态与建筑技术之间"相随心生"的关系不仅体现在地域民居建筑文化上，中国传统古建筑上的种种文化形态同样是在建筑技术的支撑下生成、演变的。所以说中国传统建筑的形态文化中，技术是支持各种外在形态的内在核心。

在中国古代木构架建筑上，有很多传统的、丰富的文化表现，比如斗拱、鸱吻、侧脚、升起、屋宇形式等，抛开现象看本质，这些形态文化的核心依然是技术。妙的是技术的逻辑与表象形态文化的完美结合，真正将技术真实地实现其价值后加以工艺修饰。就像受力的斗拱外部一样要精心雕琢、锚固构件和防水之用的鸱吻要装饰成各种生动形态一样，没有虚设的装饰，而用装饰后的构造。

比如，斗拱作为中国古代传统建筑的符号代表，它的产生与发展变化，无不与它的技术发展密切相关。在我们谈论"唐风"时，欣赏唐代建筑的大气、舒展，绝少不了夸赞其雄劲、简洁、富于张力和表现力的巨大斗拱，那是唐风建筑的典型特征之一。那时的斗拱是具有支撑受力功用的，它的构件都存在力学价值，此时的形态与技术之间是"情理相依"。随着时间的推移，斗拱的功用在整个建筑中的所占比例越来越小，这是由于技术的发展，已经不再用斗拱来承托屋宇的重荷，那么斗拱则由原来的承重构件变成装饰构件，因此显得繁琐而细碎。这时作为装饰构件的斗拱，就有随时被去掉的可能。因为当构件在建筑中一旦失去了受力功能、而纯粹变为一种装饰时，它的生命力也就随之减弱，直至消逝。又如吻兽构件的意义，在最开始的状态是为了解决屋脊防水、渗漏问题而设的构件，在逐步发展过程中，融入了文化内涵：瓦顶上使用鸱吻是象征性的防火标志。并由此产生了制作的规矩，如《营造则例》中记载，鸱吻高度与建筑物的等级、高度之间的关系和做法，演化出更多的文化含义。

其次，在中国的传统建筑文化发展中，态度决定了对技术的选择和技术的发展方向，这种态度就是当时的审美取向。这说明当时建筑文化生存的"语境"中社会环境对技术要素选择方向的影响。众所周知，中国传统建筑随着时间的推移在形态上有明显的差异，但从材料技术的发展上看，却始终沿袭了木构架体系。这种木构架技术的发展与成熟，成为中国传统建筑文化的精髓。其发展和成熟是建立在木构架建筑技术的不断完善之上的。早在战国时期，木椁已经有了各种精巧的榫卯，可见当时木构架建筑的施工技术达到了相当熟练的水平。到秦汉时期，木构架的结构技术已渐完善，主要结构方法采用的抬梁式和穿斗式都已发展成熟。木构架的延续与发展，体现了中国的传统自然观"天人合一"的理念。

中国古代建筑的木构架体系，经过数百年的历史发展演变而日趋成熟。在世界建筑发展史中，最早采用木材作为建筑材料的并不仅仅只有中国，但却只有中国将木质结构体系发展、完善，这本身就反映了当时中国的传统思想中对世界、生命的看法，是中国传统思想和哲学观点的体现，受这些观念的影响，在对建筑技术材料的选择上必然会表现出来。

这样的结果，使得中国古建筑一直以发展木构架体系为主。所有的技术要素，尤其在工艺要素上都围绕着木材这一主题，这样不断发展完善的体系与西方以石材为主的建筑体系产生巨大的差异。与欧洲的承重墙构造方式建筑物不同，开窗在中国木构架建筑中显得非常灵活，门窗的大小不会影响全体荷载能力，也因此为中国人文文化的表现提供了舞台：诗词歌赋、风景花鸟尽可以雕琢于门窗隔扇之上。这些门窗隔扇在中国古建筑中称为装修，其富于文化内涵的雕琢、粉饰成为后人观瞻历史文化的视窗。

技术是否与人的意识形态文化有关系呢？答案是肯定的。中国古代传统木构架建筑充分体现了时代的审美特征，也体现了中国传统工艺美学中强调"致用利人"的功用思想，说明中国自古就已明确了技术的目的性是服务于人的。

"情理相依"是中国传统建筑技术文化的典型特征，也是未来中国建筑文化发展的参考。这种特征是技术与文化形态的辩证关系。某一时代的技术支撑相应的建筑文化形态，当技术发生变化时，与之相应的建筑文化必然发生变化，这种变化有两个原因，一是新技术产生相应的技术文化；二是旧文化在没有相应的技术支撑下，转化成为建筑的附加品，它的存在就变得可有可无，此时就会有新的形态、新的文化特征出现取而代之。新的特征来自新的技术支撑或者说来自技术的发展。

7.1.2　反思"高技术"与地域化

"高技术"是对一段特定时期中一种以突出技术含量特征的建筑文化形式。其特定的形式正是表达了建筑文化形态与技术逻辑之间"相随心生"的辩证关系。有人称其为"裸露"技术的建筑。但是，高技术建筑是不是就只意味着表达技术的逻辑和先进，而忽视地域的约束？

笔者看来，"高技"不等于放弃地域特征。进入20世纪70～80年代，西方出现绝对炫耀技术力量的"高技派"。裸露的内部结构成为建筑的外观要素，因其以技术的裸露为主要特征而被冠以"高技"之名。高技术如何理解？只把现代西方的"高技派"视为"高技术"是不妥的。因为单单从技术是否"裸露"判断建筑是否"高技"是不确切的。技术是否"裸露"不代表水平的高下，而视技术是否"裸露"为是否重视技术的一个标准更是不确切的。不是技术的完全外露就表示技术被得到极大的发扬与光大，只是技术在建筑中的运用表达方式不同罢了。"高技"也绝非是现代西方的专利，试想中国传统木构架建筑的"呈材巧构"，以及裸露的构造难道不是那一时期的高技术吗？那些精密的木质卯榫搭接、卯扣是何等精巧？应该说在世界东方有最早的高技派了（图7-1）。因为这些木构架的形成早于西方以技术精湛著称的哥特建筑（图7-2）。

历史上曾经出现的"高技"都具有明显的地域个性特征。中国的传统精巧木构、欧洲哥特的高耸受力结构、埃及金字塔的厚重体量……它们各具特色。任何时代都存在高技术，这应该是一个时代中相对于落后或普通的技术而言，因此具有时代性。"对于技术的感性可以从两方面认识，那就是量与质"[①]。质的方面即技术的先进性直接给人的感性体验，此即建筑的技术或"高技派"之魅力所在。现代"高技派"建筑体现的是"质"——技术的含金量，即技术的先进性；而中国长城和埃及金字塔则体现了"量"，它们同样可以被称为"高技术"。

中国的木构架技术在早于西方2000～3000年前就实现了摆脱承重墙

[①]　郑光复. 建筑的革命 [M]. 南京：东南大学出版社，1999：62.

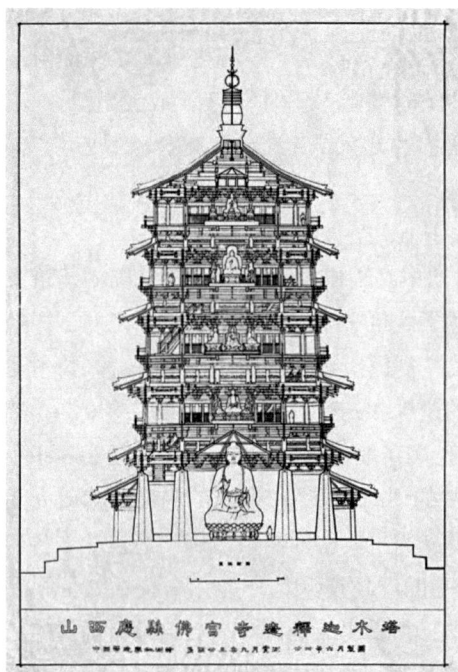

图7-1　山西省应县佛宫寺释迦塔

图7-2　哥特建筑高耸欲飞

的束缚。而与此同时的西方建筑还沿用着承重墙体系，无法获得更加明亮、通透的室内空间。中西技术的发展各有所长，获得的建筑空间形态随着技术的差异而迥然有别。此时的中国木构架体系相对于西方应该可以称为"高技术"。

埃及所有的奇迹中，有一个奇迹比人类历史上的任何东西都更加吸引世界的目光。在吉萨平原的沙漠中，它们在强劲的旋风和蚀磨的流沙中淡然地生存了四千多年，那就是埃及古老文明的象征——金字塔。古老的埃及金字塔似乎打败了时间，它们是世界上公认的古代埃及荣光的象征。时至今日仍然有很多神秘的地方：在古埃及，石头是通向永生不灭的媒介，所以石头被用来作为王者至尊陵墓的建筑材料。可是这些石块是如此的巨大，而且相互之间砌合的又是如此的完美，这是如何做到的？在轮子发明之前，他们怎么能够移动如此大量的巨石？也许最让人捉摸不透的是，这一切都是谁想象出来的——地球上最大的、坚固持久的石头结构。金字塔在工程技术上的成就是无与伦比的，左塞尔金字塔的设计师伊姆霍特普（Imhotep）被人们奉为神明。如此大"体量"的建筑物实乃"高技术"的表现。

"高技术"固然有魅力，但不能为追求高技术忽视技术的目的而只展示技术本身。在科学技术高速发展的今天，追求高技术是无可指责的，但无法认同将技术游离于人类生活之外的刻意表现，就像西方"高技派"初期作品中刻意追求"裸露"结构的建筑。如理查德·罗杰斯与伦佐·皮亚诺的巴黎蓬皮杜文化中心（Centre Pompidou）（图7-3），以高技术、钢铁和玻璃为建造体系，显然技术在这里成为供游客观赏的雕塑。当然这是一种建筑设计的方式，但是，千万不可以将这种表象作为拷贝的史上版本，那是只知其"相"而不知其"心"的盲目做法。就连蓬皮杜文化中心的设计者之一、"高技派"代表人物理查德·罗杰斯本人也不愿意承认高技术建筑只是炫耀技术的舞台。他曾经说过这样一段话："技术的目标是解决长期的社会及生态问题，而不是它本身

图7-3　蓬皮杜文化中心彰显技术的时代进步

（Technology cannot be an end in itself but must aim at solving long term social and ecological problems）"[①]。这是他对待技术的态度，也因此在他的作品中体现了这样的变化——从"表现"技术到"借用"技术解决实际问题，他后期的作品不再以技术作为炫耀的资本，而是通过完善技术，细腻地达到完成技术的最终目的。他本人并不喜欢"高技派"这个词，他认为"我们对技术存有极大的兴趣，但它并不一定是高级的或者低级的，而应当是合理的技术"[②]。看他1993~1996年设计建成的"泰晤士河谷大学学术资源中心"，那是一座使用了"适当的"材料、非常优美的建筑。他认为，建筑中可以使用"复杂的"技术，那是在"最有必要的地方使用复杂的技术"。这说明技术的选择和使用应该根据建筑所存在的"语境"来确定，根据社会的、生态的（自然环境的）影响因素，提出欲解决的问题，选择合适的技术，在需要的地方选择需要的技术。这说明"高技术"的发展趋势，不是简单地炫耀技术本身，而是要从建筑的"语境"出发，也是存在地域差别的。

现在建筑界已经有越来越多的人认为，技术对建筑艺术创作来说只是手段，而不是目的，不是为了表现"技术"而使用技术（图7-4）。高技术是社会发展的必然，但一味地刻意追求技术的表现则违背了技术的初衷，忽视了地域差异变化，加速了趋同的进程。历史上的"高技术"都具有强烈的地域文化特征，今天的"高技术"仍然应该是富有地域特征的。

图7-4 古根海姆博物馆，解构主义建筑中的雕塑

---

① LACY B. 100 Contemporary Architects：Drawings and Sketches［M］. London：Thames and Hudson Ltd.，1991：190.
② 理查德·罗杰斯. 理查德·罗杰斯事务所专访 1997年9月11日伦敦［J］. 世界建筑导报，1997，（101）：12-13.

让·努维尔（Jean Nouvel）设计的阿拉伯世界文化中心（图7-5）是极富民族特色的"窗""墙"统一体，采用高新技术控制采光与遮阳，将高新技术完美地统一进这些建筑体的围护要素中，显示阿拉伯独有的地域文化。那绚丽的"窗"正如哥特教堂的"玫瑰窗"一样惹人注目，而同时它又是高技术与地域文化融合的体现。

在合理融合"高新技术"与地域技术的优秀作品中，伦佐·皮亚诺设计的吉巴欧文化中心（Tjibaou Cultural Centre）也是一个优秀的案例。自其建成以来，受到来自各界的广泛喝彩。这是一个利用风压解决内部自然通风，同时具有浓郁地域特色的现代"高技术"建筑作品。因为作品地处澳大利亚东侧的南太平洋

图7-5 让·努维尔设计的阿拉伯世界文化中心

岛国，属于热带草原性气候，潮湿而炎热，并且常年多风。这组建筑最大限度地利用了当地的这一自然资源，用自然通风为建筑的内部环境降温、除湿。利用风压成为整体形态的核心技术，确定了建筑的外部形态及朝向。同时建筑外部采用了当地盛产的木材，以精致的"工艺"让传统材料焕发出迷人的光彩。

7.2 "相随心生"的意义

7.2.1 "相随心生"——反对形式主义

从地域建筑文化与地域建筑技术之间的"相随心生"关系，我们不仅在发展地域建筑文化上受到启示，同时，对于现代化城市建设具有同样重要的意义。"有心无相，相随心生；有相无心，相随心灭"，这句话充分表达出建筑技术文化的本质特征。技术是"核心"，形态文化是"相"，所以技术文化所要追求的装饰应该是"属于表面，而不是浮于表面的，应该直接产生于构造，而不是后来作为一种习俗符号来运用"[①]。

---

① 项秉仁. 赖特［M］. 北京：中国建筑工业出版社，1992：38.

正如"一个装饰性的构造要好于一个构造性的装饰（One decorate constrution rather than construct decoration）"①。即反对用虚假的构造作为装饰，而赞成构造的真实表达所展现的装饰性。

中国自古重视技术本身，不把建筑的外表艺术性视为重点，如墨子主张："宫室，便于生，不以为观乐也"，显然反对建筑为"视觉艺术"；荀子也认为："宫室台榭，使足以避燥湿，养德、辨轻重而已，不求其外"。中国古代各家哲学的建筑观，一致重视建筑是生活必需品，贵俭，不以建筑为虚华艺术，不为观乐。中国古代传统建筑的神韵精髓就在于"相随心生"的原则，不求观乐，独成一家，朴素而典雅。

现代建筑中不乏"相随心生"的优秀建筑。芝加哥的汉考克大厦（图7-6）和香港的中国银行大厦（图7-7）都是将能够抗风、抗震的骨架创造性地袒露在外，加上合理的收分，既具有视觉美感，创造了独特的建筑外观，又大大降低造价，充分利用了技术的合理性。诺曼·福斯特设计的香港汇丰银行总部（图4-2），是一个悬挂在排成三跨的四对钢柱上的建筑。在建筑的整体高度上，五组两层高的桁架将钢柱连接起来，各组楼层就悬挂在桁架上；三跨结构的高度并不相同，这样就形成

图7-6　芝加哥汉考克大厦　　　图7-7　香港中银大厦

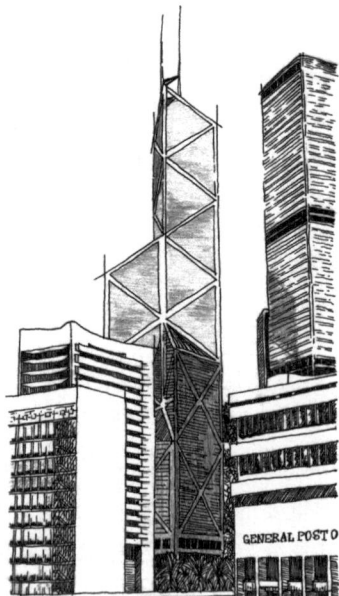

---

① FRAMPTON K. Studies in tectonic culture [M]. Cambridge, Mass.: MIT Press, 1995: 94-96.

了错落有致的轮廓，外墙表面采用铝板和玻璃构成。这样的技术表现是"真"而"美"的。还有马来西亚建筑师杨经文在高层建筑上运用生物气候学原理解决节能问题，在建筑表面或中间的开敞空间进行绿化设计，沿高层建筑表面设置凹入深度不同的过渡空间，并且采用现代的新技术来创造通风条件，加强室内空气对流，降低空调的使用率，从而降低能耗。此外，德国建筑师托马斯·赫尔佐格（Thomas Herzog）也是一位将技术完美地融入设计当中的大师，同时他对生态环境富有深深的使命感，将生态理念运用到建筑设计当中，使技术符合生态理念的要求，并因循这样的原则来创作……很多优秀的建筑不胜枚举。

在建筑文化的新发展中，新形式产生于新技术的例子仍然存在很多，比如"索膜建筑"就是一种源于合理技术结构的新形式建筑。它采用先进的预张力结构技术与轻质膜材料，其形式具有极高的艺术感染力，是建筑艺术与结构形式的完美结合。从理性技术逻辑中自然流露出的建筑形式美，能够充分表达时代的最新技术和人对艺术的最新逻辑理念，这样的建筑，必然是富有感染力和充满生气的。自1967年加拿大蒙特利尔世界博览会德国馆成功运用"索膜建筑"技术以来，"索膜建筑"在世界上得到了广泛应用。例如，2009年竣工的南非摩西·马布海达体育场（图7-8）通过"索膜建筑"技术实现了流线型的优雅外观与兼具实用性的遮阳效果；2010年建成的上海世博园世博轴（图7-9）则以大面积索膜结构，打造了轻盈通透的空间，营造出极具未来感的城市公共场所。这些实例体现了新技术驱动下建筑形式的创新。

真实的内在体现应该是建筑技术文化的追求，而不应该被"浮于表

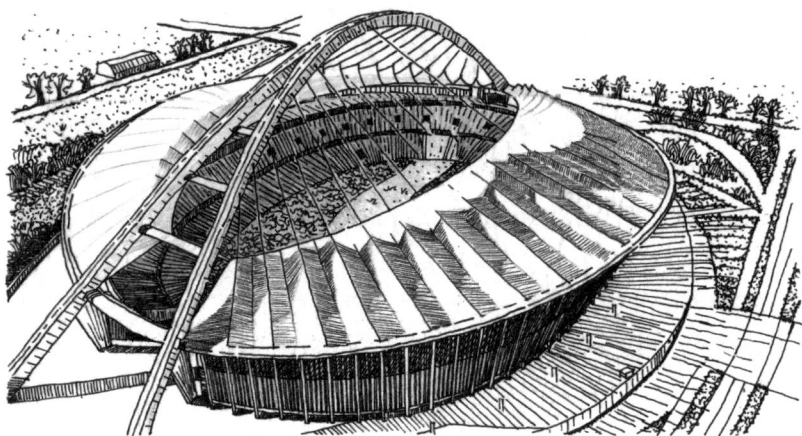

图7-8　形态各异的索膜建筑：摩西·马布海达体育场

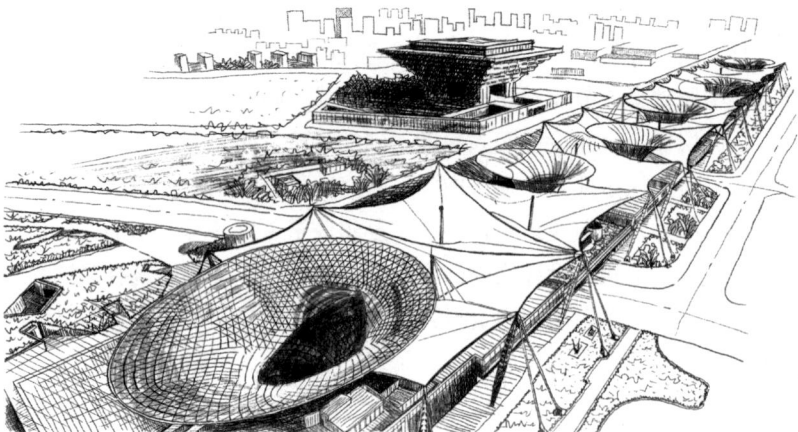

图7-9 形态各异的索膜建筑：上海世博园世博轴

面的"装饰的诱惑代替了本质的创造。"相随心生"讲求真实。

在中国建筑的发展历程中，尤其是在改革开放后的中国各大城市发展中存在"形式主义"现象。在20世纪90年代初期，有很多建筑界的年轻设计者把设计任务看成是一次又一次形式的模仿与抄袭，在思维上处于混乱状态，"知其然，不知其所以然"，出现了大批盲目地崇拜与"克隆"建筑。而就其为何如此或是否适合在中国的"土壤"上发展，没有做过多地考虑。反对"克隆"，应该在技术的使用上清醒把握。

7.2.2 "相随心生"与弘扬地域技术

前文提出"相随心生"的理念是反对建筑设计的抄袭现象，那只说明了一方面的内涵，此外，"相随心生"设计理念更重要的意义在于，以这种观念设计合理的、生态的建筑。反对把技术当作粉饰外表的手段而无视技术结构自身的合理性、适用性和意义，真正理解"相"之内"心"。尤其是要重视技术"语境"的差别，不应一味地追求和选择复杂的先进技术。事实上，合理的、适宜的、符合特定"语境"的技术，它可以是传统的、简单的，也可以是高技术的、复杂的，它们应该合理搭配，共同解决特定环境中的人类居住要求。

在半个多世纪前，美国的建筑大师弗兰克·劳埃德·莱特就曾提出"有机建筑"理念。其核心思想是建筑与环境协调统一。他曾说："唯一真正的文化是土生土长的文化"[1]。这句话在某种程度上肯定了本土地域

---

① 项秉仁. 赖特 [M]. 北京：中国建筑工业出版社，1992：35.

文化的价值。土生土长的文化必定是地域的文化，建筑地域文化发展的源泉就是有机地使用技术。有机代表了对自然环境的适应性，地域技术的产生就是在与自然环境的适应过程中产生的，它必定是有机的。

其实很多优秀的建筑师在进行"有机"创作时，并不是刻板地表达技术的逻辑性，也不是一味地将地域性特征的技术作为一成不变的"敲门砖"，而是更多地思考技术与当地环境和建筑功能之间的协调，并且以艺术的手段将其"整合"为真正的建筑。一切新的、旧的技术手段都是他们创造合理建筑的钥匙，哪一个更合适于当前的建筑方案，那么就选择哪一个。

日本著名建筑师黑川纪章（Kisho Kurokawa）就曾经表达过他对技术系统对于创造特色建筑文化的意义的理解。他发起的著名的"新陈代谢"运动，其核心思想是"共生"的理念，包含很多范畴：历史与现在的共生、传统与新技术的共生、部分与整体的共生、自然和人类的共生、不同文化的共生。每一种文化都应该培植自身技术体系，来创造特有的生活方式，探求共同的平衡点。说明黑川纪章意识到技术体系在创造特有文化中的重要地位，并且在试图表现文化和识别性的同时积极地采用现代技术和材料。可以看出当时他并没有固执地死抱着传统技术不放，而是欣然接受新技术，并将其融合于传统的技术体系。

在社会经济飞速发展的今天，这些传统建筑正面临着变革的挑战。如何应对社会变化的同时保持本土特色，成为这些地区建筑发展面临的问题，学者们对这些建筑问题的思考一直没有停止过。借传统建筑以优化现代生活，但千万不可偏重形式，风格特征的继承不应只是表面的符号，发自深层的理性依据是风格特征的本源。"有机"的地域技术是新乡土、新地域的关键。所以对待技术的使用应持"有机"理念。

地域建筑文化特色的形成是环境的特定"语境"对技术的影响和约束造成的。技术对环境的回应，体现出人类的智慧和审美，创造了具有典型特征与地域特色的地方建筑，决定了地域文化的风格与特色。所以，在谈及地域建筑文化发展与继承时，不能不探讨其建筑技术的发展状况及对其有重要影响的地理自然环境。尤其是新技术的发展对建筑文化的冲击是不可避免的，选择与当地环境相符合的技术成为地域文化延续的关键。更深层地分析，其中包含了建筑技术"深层结构"对地域性文化的决定作用。因此，技术的有机使用是文化地域特色的源泉。

"有机"意味着与自然环境的协调融合，正如中国古代的"天人合一"思想一样。与环境融合必然要适应环境，在选用建筑技术时就会考虑适宜的地方特色技术，这些特色技术是当地人民在与自然抗衡的过程中逐渐成熟的，必然带有浓郁的地方风格。比如，适应当地自然气候的通风技术、保温隔热技术等，以及适应当地材料的建造工艺等，发展地域建筑文化，可以从建筑技术的不同层面考虑入手，如：地域材料、乡土工艺、地域环境控制技术等。

"有机"地选择技术，"有机"地整合传统技术与新技术。现今这个信息时代，技术的突飞猛进及互联网的飞速发展，使现代的科学技术被世界共享成为可能。给建造业所带来的好处是有目共睹的：现代化的高新技术使摩天大楼越建越高，几乎穿透云层；更多怪异的摩登建筑可以出现在世界任何一座城市的任何一个角落，越来越多的城市复制了相近的面孔，使越来越多的人失去对家园的归属感。这样的时代，技术带给人类的好处太多了，以至于让包括建筑师在内的许多人迷失了方向、冲昏了头脑。在这种情况下，我们更应理智地加以判断，以"有机"的理念指导对技术的选择。而选择适宜性地域建筑技术，在创作中回归传统、超越传统，是使地域文化得以传承、延续的唯一法宝。这里再一次提及鲁思·本尼迪克特（Ruth Benedict）的文化整合概念，文化整合正是为了其自身目的才应用了那些文化元素，并且在周围地区可能存在的文化特质中，选择了能为这个文化目的所利用的特质，舍弃了那些不可用的特质，同时也改造了其他一些特质，使之合乎文化目的的要求。对于传统技术与新技术的关系，同样应该是有机地整合。

7.3　技术与"skill"同步发展

在前文中已经对工艺、技艺在技术"客体要素"与技术"主体要素"向地域建筑技术文化"表层结构"转换中不可忽视的作用，以及工艺本身对建筑表象文化的影响进行了分析，工艺对于建筑文化的塑造之重要可见一斑。

密斯·凡·德·罗曾说："房屋建筑术始于把两块砖头仔细地放到一起（Architecture begins where two bricks are carefully joined together）"①。这里关键在于"仔细（carefully）"一词，表达了建筑师对建造工艺的讲

---

① FRAMPTON K. Studies in tectonic culture [M]. Cambridge, Mass.: MIT Press, 1995: 94–96.

究。在建筑过去的历史长河中，建筑艺术曾一度取决于工匠的技艺，可见"工艺、技艺（skill）"对于建筑文化发展之重要。但随着技术的发展，尤其是工业革命之后，新技术的发展使建筑师很快地从过去的限制和客观环境中解放出来。在讲究便宜、速度、实用和表面效力的文明世界，没有了工匠的余地，因此，造成如今枯燥、单调的形式令许多人担忧，于是复古的风潮曾一度成为风尚。

"工艺、技艺（skill）"与"技术（tech）"是同步发展的，并且历来如此。密斯·凡·德·罗是现代建筑的一位巨匠，他有一句名言："当技术完成它真正的使命时，它就升华为建筑艺术"。密斯承认技术对于建筑文化的主体作用，技术系统本身就包含了"工艺"，这就意味着技术所要完成的真正使命同样包含"工艺、技艺（skill）"。这时的"工艺、技艺（skill）"应该是适应时代的新工艺了，而绝非古老的传统手工艺。因此，现代建筑并不能因注重其建造速度而忽略了"工艺、技艺（skill）"的水准。每个时代都有自己崇尚的"工艺、技艺（skill）"，如同古老埃及的胡夫金字塔那样，每块2.5吨重的巨石之间砌缝严密，显示出当时工匠对每块石料的认真琢磨，就是那个逝去年代的高超"工艺、技艺（skill）"。而这种技艺显然在现代建筑中不是难题。所以，我们在现代社会中的建设不应该丢弃本应该同步发展和存在的"工艺、技艺（skill）"。

"工艺、技艺（skill）"同样给地域建筑带来丰富的"表情"，是多元的一种渠道。一方面，每种空间特征是根源于适应环境的技术和材料，这些是建筑基本空间形态特征的由来。而另一方面，细微的差异则来自"工艺、技艺（skill）"，也可以说是施工工艺。这个过程中，要融入个人的技巧、熟练度和审美。工艺一开始就是手的工作，手的技能是受思维支配的，工具仅仅是手的辅助物。不同的"工艺、技艺（skill）"为建筑的表层肌理带来千变万化的特征，使"表情"更丰富。

综上所述，笔者认为"高技术（Hi-tech）"是建筑发展的一大趋势，但与此同时，绝不可以放弃或忽略工艺、技艺的协同。"高工艺（Hi-skill）"是秦佑国先生在2001年北京召开的中国建筑学会年会上提出的，他呼吁"高技术（Hi-tech）"与"高工艺（Hi-skill）"需要同步发展。这是在建筑文化形成过程中能够赋予个性的一个不可忽略的重要手段。"高技术（Hi-tech）"绝不单单是现代的产物，在人类文明的历史长河中，每一个时代都有其相应的"高技术"，而建筑文化在其发展的辉煌时期，无一不与"高工艺（Hi-skill）"紧密相连。在目前的建筑发展中出现很多粗制滥造的建筑，无一例外地把"工艺、技艺（skill）"抛诸脑后，建筑远观尚可，绝不可近看，实质是建筑文化发展的悲哀。

即便如此，在当前的建筑界，关注"工艺、技艺（skill）"的建筑师仍然大有人在。日本的安藤忠雄就是一个很好的榜样。他是在世界建筑界享有盛誉的建筑师，他的作品以清水混凝土作为材料，创造出有着独特细腻质感的建筑，细腻的清水混凝土也成为他作品的标志。他在建造建筑的过程中，力求打造富于美感的混凝土，对其中的工艺做了大量的研究，对材料配比、模板工艺、配筋设计等进行反复研究，并且参观了许多施工现场。他认为，日本可以打造出漂亮的混凝土建筑的理由是：模板做得好，并且精巧。可见他对工艺的精益求精。

中篇　小结

在上篇中通过大量的实例证明了建筑技术与建筑文化是"同生共进"的关系，强调建筑技术对于建筑文化发展的重要性，并由此产生的种种文化现象，更说明技术对于文化发展的重要性。本篇中进一步通过地域建筑文化发展的生成过程，论证了技术在建筑文化发展机制中的重要作用，同时验证了上篇提出的技术传播中的"衍射现象"和文化发展中的"双言现象"。在第6章中更进一步提出地域技术要素的文化传递特性。

此外，特别对工艺要素在建筑技术文化生成过程中的重要作用给予分析，高技术的发展同样需要"高技艺"的配合。不能忽视工艺要素在组织技术"客体要素"与"主体要素"之间关系的同时，赋予建筑"表层结构"以丰富的表情肌理。因此，在呼吁建筑发展应"相随心生"的同时，也呼吁重视工艺的发展。

"风格是结构与（其所处）环境的一致（Style is the concidence of a structure with the condition of its origins）"①。不管是历史的还是现代的建筑都存在很好的例子，一个好的建筑一定是技术的忠实表达。历史已经证明，那些只注重表象符号组合的游戏不是具有生命力的发展趋势。"相随心生"是永恒的话题，而表象的游戏只能是阶段性的插曲。

"相随心生"意在：有内在的逻辑基础，才可能有合理的外在必然。健康的外表应该建立于合理的内在逻辑基础之上，这是建筑真实性的根本。当然，首先我们要反对的是建筑的表面与内在的脱离，那些不实的建筑不会是建筑发展的主流，正如同自然界的植物生长在它适宜的土壤上，才可能枝繁叶茂。植物在环境相异的地区能够存活就不易了，更无茂盛可言。当然有一种可能，那就是在人工暖房里面……越来越多的建筑为了体现人类强大技术的力量，违背自然规律，就像"生长"在"人工暖房"中。地域建筑的表象形态文化源于所处环境的地域建筑技术的内在支持，地域建筑技术是地域建筑文化存在的核心。地域建筑文化的发展存在着必然的基因，那些能够左右地域建筑文化特征的技术要素就是地域建筑文化发展中的基因，因为它们身上携带了可以转译的"地域密码"，那些基因来自人类与环境的对话。

---

① FRAMPTON K. Studies in tectonic culture [M]. Cambridge, Mass.: MIT Press, 1995: 94–96.

中篇结论：

①地域建筑文化与地域建筑技术是"相随心生"的关系，地域建筑技术是地域建筑文化的内在与核心支持。

②地域建筑文化在发展过程中存在"技术基因"。地域建筑文化在历经时间的磨洗之后，越来越突出自身独特的地域风格，正是那些地域性的技术基因在发展中传递着建筑与环境的独特联系。

③"基因"是在地域性建筑文化表象重复语汇背后的技术支持。地域性建筑文化是由很多的重复性"语汇"共同组成的，那些"语汇"的背后是技术逻辑。

④"基因"在传递中存在"单基因"和"多基因"传递的方式。技术"基因"在建筑文化发展中传递的方式可以存在多种途径，所以某一个地域内的民居建筑，在拥有共同地域特征的同时，会存在小的差异。

⑤在未来的设计中，对于地域建筑文化的发展可以采用"基因埋嵌"的方式。由于技术"基因"对传统地域文化的信息承载，使这些技术"基因"在未来的建设中仍然可以起到传递传统文化的作用，因此，这些"基因"可以通过在设计中通过"埋嵌"的方式发展地域性建筑文化。

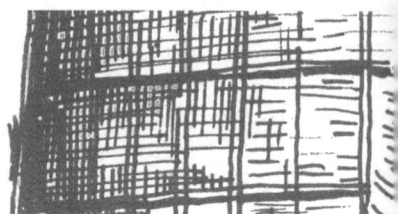

"和而不同"：
地域建筑文化的多元发展与
建筑技术

"如果我们能够接受我们所探寻的连续性
并不是逻辑上非此即彼的同一性的关系，
而是在不同的存在状态间更具包容性的关系，
那么事情就会变得更加现实而且可以操作。"

——克里斯·亚伯（Chris Abel）
在《建筑与个性——对文化和技术变革的回应》

8　技术系统的复杂性与地域性文化的多元表现

建筑文化与建筑技术"同生共进"的关系，以及地域建筑文化与地域建筑技术"相随心生"的逻辑表现，已经说明地域建筑技术对地域建筑文化的形成起了非常重要的支撑作用，应该说地域建筑技术就是地域建筑文化的本质核心。再进一步分析可知，地域建筑技术不仅仅会导致地域建筑文化具有明显的区域性特征，与此同时，由于技术系统自身的特性，技术要素在文化生成的过程中会出现"累加效应"，从而产生地域化的文化多元现象。这正是为何地域建筑形态不是单一面孔的重要原因之一。

8.1 地域性建筑文化多元的表象

8.1.1 复杂而变化的地域文化

首先，地域建筑文化是复杂的表象集合。前文已经提出地域文化的形成往往不是由单一要素能够代表的特征，而是来自多种特征要素的集合。正是由于地域文化是一个综合体，所以存在多样的表象形态。

其次，地域建筑文化绝不是一成不变的停滞、僵化状态。对于地域建筑文化的理解，从唯物主义辩证的观点看，一切都是变化发展的，没有永恒不变的物质，所以说地域建筑文化绝不是一成不变的。因此要明确，不是一成不变的才是地域的。传统的地域性相对稳定，是因为它们在技术发展缓慢的历程中经历了岁月的磨洗、沉淀，在不断地与环境对话中产生了文化形态。但是每一种"传统"都是在发展中成熟，随着技术的进步而变化，尤其是在面对现代技术的迅猛发展，地域技术的更新节奏相对加快的情况下。这就意味着在地域建筑文化发展的过程中，必然会产生一定的发展变化，我们不能因为其改变了传统民居中的某些"固定符号"，就偏执地认为那不是"地域"的，而要审视这些技术是否回应了地域环境的特征。

最后，地域建筑文化是多种地域基因集合的综合表象，这一点正说明了文化的复杂性。就像语言中方言的地域特征那样，不是单一的特征就足以描述其总特征的轮廓，而是需要很多不同趋势的要素共同表达。比如，方言如何表现不同城市的特征？以几个简单的词汇说法为例：

北京话：吃饭、喝茶、抽烟/吸烟

上海话：吃饭、吃茶、吃烟

广州话：食饭、喝茶、喝烟

湖北荆门话：吃饭、喝茶、喝烟①

只说其中的一个方言词汇的时候，是不能确定其地域范围的，当有一定数量（比如3个）词汇的时候，它们的合集就确定了其具体的地域特征文化。地域特征因子的数量越多，那么，这个集合的地域个性特征越是鲜明。在地域性建筑文化的发展中存在同样的道理，即地域技术基因越多地表现在一个建筑体上，那么这个建筑物将会越多地具有这一地域的个性特征。

从这一点上不难看出，地域技术要素在相互匹配的过程中，传统的与"新的"技术要素的组合，会由于比例差异而出现与"传统"连续性的强弱之分。传统技术要素含量多的民居建筑，显示出更接近于传统的文化形态，而新技术要素含量多的民居建筑，与传统文化形态的关联性相对较小。

这个规律在发展地域建筑文化的创作中可以利用。明确了地域的技术"基因"之后，在新的地域建筑发展中，对传统技术"基因"有选择性地进行"埋嵌"。单独一个地域技术基因的再利用，不会突出体现建筑的地域文化特征，就像在黄土高原上，如果只是在新的民居中采纳了传统的地域"拱结构技术"基因，舍弃其他的技术基因，那么单一的技术"基因"是无法传递该地域建筑文化特征的。所以单一的技术基因是不能够"完满"地传递地域文化信息的。在窑洞民居技术"基因"的传递中，"拱结构技术"基因一定伴随着覆土技术基因，这样与古罗马的"拱"区别就非常明确了。

地域建筑文化的复杂与变化，其主要成因在于地域技术系统中各技术要素的选择、匹配及受外力作用下的变化结果。

8.1.2 技术要素差异与民居表象形态文化差异

在黄土高原丘陵沟壑地区的选点调查中，以陕西省延安市枣园村和庙沟村作为调查对象，进行了多次实地调查和图片收集；并对两村的居民进行了两次问卷调查，对当地现存的民居状况进行了实态资料收集。通过对问卷信息的整理和图片的比较发现，当地的民居在以窑洞式民居为主要形态的共性特征下，仍然存在很多差异，突出表现在技术要素的不同。比如：材料要素差异。在延安市枣园村中，窑洞式民居形式是当地的主要民居类型，这些民居中主要材料的选择有以下几种：土、土+

---

① 陈建民. 从方言词语看地域文化 ［J］. 语言教学与研究，1997，（4）：29-30.

石、土+砖、土+石+砖、土+石+砖+预制混凝土楼板等。首先这些材料在建筑肌理上会产生不同的效果；其次，在调查中发现以砖、石作"拱结构"的空间跨度一般大于土窑洞，这样，在外部窑脸上就出现高度与宽度的差异；最后，在出现新材料——"预制混凝土楼板"后，其空间结构得以向高处发展（绿色住区的新式窑洞）。

结构要素在过去的发展中一直持续保持单一的"拱结构"体系，这样当地的窑洞民居内部空间始终统一在"拱结构"的弧形天花下，并且空间形式分布在单一平面上。在黄土高原·陕西省延安市枣园村绿色住区示范点中的新式窑洞的研究中，融入了砖混结构，这样，空间组织形式借助于楼板的内部分割、竖向叠置，空间层次变得丰富而多变。

环境控制技术要素中，当地传统的保温技术是利用窑顶覆土保温措施，以及大面积地接受太阳光的照射，形成整个窑脸的采光构造。这些是当地传统的文化形态特征。在绿色住区的新式窑洞中继承传统的地域技术要素的同时，增加了入口处被动式太阳房的设计，使建筑在寒冷的冬季能够更好地利用太阳光，保持室内温度的恒定，让室内环境更加舒适。这样，在传统的民居形态上就增加了发展的元素，部分地改变了传统空间形态。

工艺要素在当地也存在差异。一方面，由于材料的不同导致所需要的工艺不同；另一方面，由于工匠自身的技艺和审美层次不同而产生差异。根据调查，当地民居大部分采取自建的方式，即一般都是请工匠（包括石匠、砖匠和木匠），同时自己参与建设。因此在相同的材料上（如石材）作窑脸装饰时，不同工匠处理产生不同的纹样肌理。尤其对于具有装饰性的构造部分，比如，窑脸的木门窗，在花样形式上更多地体现了匠人的技艺与审美（在调查中显示，多数房屋的主人将窗格的式样交予工匠选择）。这样工艺不同，也就出现形式多样的图案装饰效果。

8.2 地域性建筑文化多元的原因

从民居建筑地域性表象形态差异的比较中，发现了民居建筑共性特征同时存在差异性，而且这些差异与技术要素的变化息息相关。这证明地域性技术是引发地域性建筑文化多元的主要原因。下面就地域技术如何引发地域建筑文化多元现象进行进一步解析。地域建筑文化多元发展的原因包括内在的、环境的和外来力的作用三方面。

8.2.1 技术的本质特性导致多元

技术的本质特性包括"矛盾性"和"复杂性"。技术的本质矛盾性使得建筑文化"趋同"与"多元"现象并存。技术的本质矛盾性是指技术对于人类的生存发展存在双向的促动力，即利弊共存，技术的发展对社会可以同时产生"积极"的结果和"消极"的后果。"西方的一些学者把这种两重性称为'技术悖论（technological paradox）'，指技术产生的后果与技术要实现的目的相背离或不一致"[①]。这里我们可以回忆海德格尔关于从月球看地球的电视图像的单侧解读（one side reading），"这样的图片可以既被看作是人类对月球的技术征服，也可以看作提醒我们需要关注人类与其脆弱生存环境的关系（Such pictures can be read by both as a symbol of technological domination of the planet，and as gesturing towards the need to cultivate more caring relations with our fragile place of dwelling）"[②]，说明技术利弊共存的自我矛盾性。

在现阶段的发展中，我们不难发现，随着高新技术的广泛传播，虽然世界各大城市出现相似面孔的高楼大厦，但与此同时，也由于技术自身的发展多样性和操作的多途径、多方式，建筑发展仍存在多元的一面。换句话说，建筑文化"趋同"现象的出现是技术发展的必然，也只是技术发展的一个侧面，与之相反的另一个侧面则是文化发展的多元状态。

技术系统的复杂性是促成文化多元的必然条件。技术系统包括三个部分，即：主体要素、客体要素和工艺要素。每一部分的要素又包括很多不同的因子，尤其在建造过程中主体要素的变化对客体要素利用的不同，工艺要素中工艺的变化等都会给最终的结果带来深刻影响。

技术系统的复杂性体现在每一种技术要素的多样性上。在主体要素、客体要素和工艺要素中包含着各种特定技术，如材料技术、结构技术、构造技术、通风技术、采光技术、保温隔热技术、防灾技术、施工工艺等，每一种特定技术都存在不同的状态来对应不同的地域环境、不同的要求。比如材料技术，人们可以根据不同的环境资源、经济能力采用不同的材料，进行不同的加工，采用不同的工艺处理；通风技术，可以根据环境的变化采取不同的形式：利用风压差、利用热压差，或者利用空气对流等方式。对于同一种需要解决的问题，在技术上可以采用不

---

① 陈昌曙. 技术哲学引论 [M]. 北京：科学出版社，1999：238.
② SIMON C. Technoculure and critical theory：in the service of the machine? [M]. New York：Routledge，2002：162.

同的方式，如此多途径的结果必然产生多样的状态结果，形成多元发展的文化状态。

复杂性则体现在技术系统本身，即各种技术要素的组合。因为每一座建筑的形成都需要技术系统中各种要素的匹配和共同建构。前文已经阐述了技术系统的复杂性。技术系统包括三大部分：即主体要素、客体要素和工艺要素。"技术是由若干相互依存、相互作用的要素联接和组成的系统[①]"。技术作为一个系统，其构成的诸要素都是必要的。在一般情况下，没有哪一个是决定性的和主要的。换句话说，就是技术系统中的各个组成要素，对于技术的目的结果都发生着它自己的作用，共同体现于结果的表征之上。由于构成要素的复杂性，而其构成要素作用的重要性也不能主观地划分轻重，要素的作用主要看实际的情况。

技术要素发展的非同步状态，这一点在上篇中已有论述。因为技术的发展是有兴衰周期的，每一种特定技术都存在生命周期，即"开始孕育——快速发展——成熟完善——稳定并趋于退化"[①]四个阶段。而各种特定技术的生命周期曲线不是完全重合的，发展阶段的进度不尽相同，所以，某种特定技术可能会在其他技术发展初级阶段时已经进入成熟完善阶段了。对于建筑技术系统，我们同样可以对其中的各种特定技术进行这样的周期比较，会发现它们生命周期的不同步，导致建筑文化在某一方面发展相对迅速或成熟，而在其他方面相对缓慢。某些技术要素相对活跃，则它们的作用将产生较大的影响。这样的结果会导致在同一文化体系中表现出多样的形态。

建筑技术系统中不同技术要素的作用，本身就为建筑文化的多元发展提供了必然性和可能性。并且，由于隶属于不同要素的"特定技术"的生命周期不同，合力作用后的结果更由于它们之间的组合不同而愈加丰富。既然技术系统中各组成要素的地位是平等的，它们在某一阶段相对活跃就存在可能，这样多元的结果就成为这些要素发展随机组合的表征了。所以说，技术系统的多层级状态为建筑文化发展的多元可能性提供了有力地支持。

8.2.2 "语境"差异
通过技术的手段发展地域建筑文化，必定要经历技术的地域整合。

---

① 陈昌曙. 技术哲学引论［M］. 北京：科学出版社，1999.

而这种整合的过程一定要在其特定的"语境"下进行才有可能是有机而合理的。在语言学中，一个完整的句子在表达其真实的意义时，要看其所存在的"语境"，意义会因"语境"的差异而有所变化。建筑技术文化发展同样需要"语境"。正是"因地而异"和"因时而异"的"语境"的存在，才使得技术的个性化发展和选择有了依据，才会产生地域性格魅力的建筑文化。

1. "语境"的地点差异

由于"语境"差异直接影响到技术要素的选择，技术要素差异导致最终文化形态的不同。"语境"包括自然环境影响因素和社会环境影响因素两大部分。在同一区域内的社会环境基本是一致的。主要的差异来自自然环境。由于黄土高原地貌、地质非常复杂、变化多，海拔高度的差异更带来小气候温度变化的差异。这样，在黄土高原上的自然村落所处的环境都存在差异。小"语境"之间差异明显（之所以在此选择黄土高原民居作为研究分析的对象，其中最主要的原因之一就是地貌变化差异，尤其是在区域范围内变化多样，这样可以在小范围内解释"大"问题）。

我们已经知道黄土高原的地貌由于特殊的地理环境、常年的腐蚀冲刷，使当地小环境丰富多变。地貌的大类型包括塬、梁、峁、沟壑，而由于在每一种大的地貌类型中仍然存在地貌差异，所以即便是在更小的范围内，仍然存在上述四种类型的地貌差异，这样导致即便是在一种大地貌类型区域内的村落之间，仍然存在小环境的地貌差异。比如，丘陵沟壑地区还存在两种大的分类：在水系较小的状况下，沟底宽度较窄，村落一般聚居在朝南向的北坡上；当水系级别较高、水面较宽时，河岸冲积台地较宽，这时的村落一般选择河谷阶地的二、三级阶地上。这样的结果促使对技术要素的选择出现差异。

在沟壑南向坡地上的民居一般选择"拱式结构"的窑洞建筑，河谷阶地上则选择"梁架式结构"的房居建筑。这样在地貌差异较大的聚落之间，首先，结构技术要素的选择出现较大差异；其次，材料上也存在差异。虽然都地处黄土高原，由于小环境地质差异，材料选择自然出现区别，或者直接利用黄土，或者选用石材。

2. "语境"的时间差异

"语境"不仅有地点的差异，同时还存在时间的差异。同"宗系"的建筑技术文化发展同样存在"语境"，"因时而异"的"语境"是建筑文化发展中时代性格特征描述的标尺。比如，对建筑界"高技术"的说法，笔者认为，"高技术"不能绝对地限定在进入高科技的现代化社会后的产物。某一项技术的存在会因其环境条件的变化，而从"高技术"转化为"低技术"，也可能在目前看来是"低技术"，在很久以前却是"高技术"。"高"与"低"之分要看其存在的"语境"，是相对而言的"高"与"低"。所以在谈及建筑技术文化时，应该首先考虑到其存在的"语境"差异。如，建筑技术文化的种种特性，尤其是等级性，它的存在一定要考虑到其存在、发生的社会背景和条件等因素。单一片面地论述建筑技术文化的种种规律和特性是不客观的。

综上所述，从本质上讲"语境"的存在正是地域建筑文化"基因"传递的原因，即"基因"的传递必然在特定的"语境"中。地域建筑技术文化整合的依据是"语境"，"语境"决定了应该选择什么、放弃什么、根据什么来选择。因为"语境"的不同，导致建筑对技术的要求不同，所产生的建筑技术文化的特征就不同。

地域建筑技术文化的发展受到"语境"的制约是必然的。因为"语境"决定了文化整合中对于各种构成要素的选择标准和原则。地域技术基因的形成正是因为地域环境的"约束"所致。它所传递的信息正是对于地域环境适应的"趋向"。所以，基因的传递必然是在一定的环境条件下的传递才具有意义。

因此，对于地域技术"基因"的传递应该在特定的环境中，而非随处可置的发展。正是因为这样"约束"的存在，才会有地域文化发展的基础环境。所以在发展地域建筑的过程中，始终不能脱离开地域技术"基因"所赖以生存的"语境"，那些"基因"只有在适合自身成长的"语境"中才能尽展其独特的文化魅力。

8.2.3 外来技术要素影响

从地域建筑技术文化形成过程来分析，在技术要素向建筑技术形态文化转换的过程中，会受到不同的外来技术要素影响。其中包括主、客体要素和作为转换手段的工艺要素。

比如在客体要素方面，外来"新"材料、外来"新"结构技术、外来"新"环境控制技术等技术要素的介入，通过当地"语境"的"筛选"，接受那些适应当地环境特征发展的、能够与其他本土技术要素相匹配的技术要素。比如在枣园村绿色住区的建设中，曾经根据当地气候环境的分析，选择了多种理论上"适宜"的"外来新技术"，其中包括被动式与主动式集热系统，太阳能热水供应系统，太阳能光电转换与换气系统，新型集热、保温、透光材料的应用，氧化塘技术应用，夏季自然空调系统，地冷地热能利用技术等。但是通过实践发现，这些"适宜"当地气候环境的技术并不能完全被当地居民接受。最后，当地居民部分地接受了适应当地、当时的技术要素，包括被动式集热系统、太阳能热水供应系统、夏季自然空调系统、地冷地热能利用技术等。从这一现象可以说明，理论上的"适宜"技术不一定是真正适合当地、当时的技术，只有通过当地"语境"的检验、筛选后被接受的才能真正成为适宜当地民居建筑发展的技术。

外来技术要素在进入本土建筑系统时，在构筑建筑的过程中会取代相应的传统地域技术要素；如果传统地域技术系统中没有相对应的技术要素，则会增加新的技术要素。比如，梁板柱结构替代或半替代黄土高原当地传统的"拱结构"；而当地没有的夏季自然空调系统，则是新增加的技术要素。在其他方面也是同样的状况：如，材料技术可以被相应的"适宜"材料技术全部或部分地替换，工艺技术要素也会由于新材料技术的出现产生新的要求。这些外来技术要素的影响对地域建筑文化的多元发展起了促进作用。

8.3 地域性文化发展中的"累加效应"与"自我整合"

由于建筑技术系统中各要素没有主次之分，任何外来技术要素都可能在建构最后的物质实体形态过程中发挥作用，并且融入整体的技术系统中去，与其他的技术要素相互匹配，形成新的组合；或者与传统技术系统中的同类技术要素共同完成与其他技术要素的匹配。这样无形中增加了组合的种类，从而形成多样的结果。"累加效应"是地域建筑技术文化发展过程中，在受到外来力作用时，各种技术要素相互匹配必然产生的现象。

8.3.1 技术基因传递中的"累加效应"与地域建筑文化多元

从前文的状态分析中已经发现，外来的部分"新"技术要素会在不影响本系统正常发展的状态下融入，使当地建筑技术系统要素更加丰富，其中的组织方式就会出现多样化。

在"亲代"与"子代"之间的基因传递中，本身就会由于基因的传递方式不同而产生差异。同时，在同代中对"子代"的"复制"过程还会出现"累加效应"，从而产生多样的表征。累加是指遗传基因在子代的复制过程中与新的因子结合，产生累加式变异，如传统结构与各种新材料的结合，即便是表象肌理不同，本质结构形态却依然保持传统的风韵。

下面用医学遗传学的方法进行解析这一传递过程。（图8-1）假设A和T是固定搭配的技术要素，当加入与T相似的B时，B可能取代T，也可能与T结合成TB（在生物基因中，不存在T与B结合的状况，但在建筑文化发展中确是完全有可能的）。比如T是"土"材料，B是"砖"材料，两者完全可以结合使用，形成新的表象肌理。以此类推会发现，发展逐渐趋于多元化。结构方式同样可以"土洋结合"，比如，在黄土高原陕西省延安市枣园村绿色住区示范点中的新式窑洞，就在采用传统"拱结构"技术的同时，使用了梁板柱结构，将传统单一的窑洞空间进行现代改革，增加竖向空间变化。

B、C、D……代表随时代发展可以改进的技术因素，A代表具有地域性特征的基因。从图中可以看到：自发的建设中也存在A基因丢失的现象，此时出现"双言现象"，同一地域出现不同的状态。这就是发展中会出现的两种可能：一种保持了地域特征基因，另一种则完全抛开了地域特征。比如传统结构的丢失，产生新状态的结构体系。

随着复制的次数增加，由于每次都可能产生的变化，最终使一个体

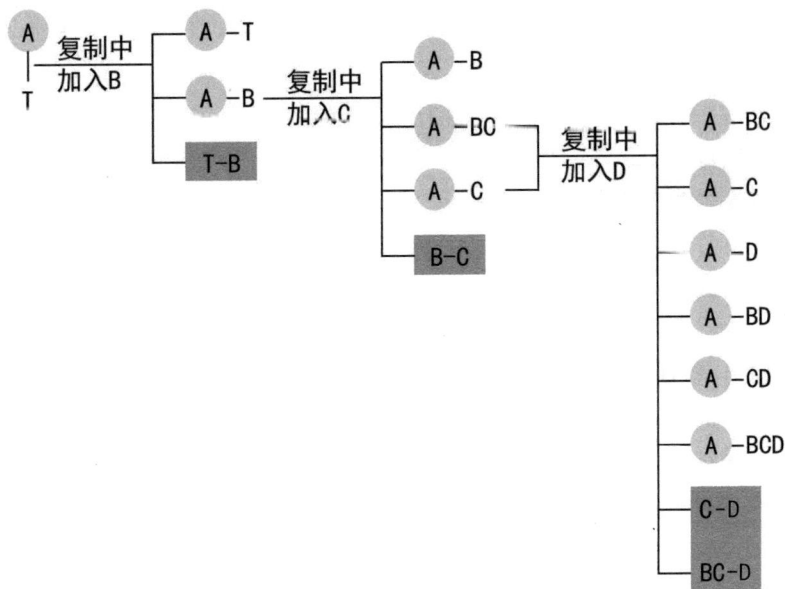

图8-1　建筑文化发展中基因传递的累加效应示意图

系的建筑形态分异增多；即随着时间的推移，一个体系的建筑文化会多样化，但他们有明显的"亲缘"性状，存在共同的地域性特征，同时也会有"异己"的存在。最原始的形态会随时间的推移缓慢地发生变化，而新的"子代"中不断出现新的形态，但总体上仍然保持了地域性特征。这一点更加证实了技术基因的文化遗传特性。当然，这种"累加效应"并不会在传递中无限地膨胀，因为建成结果需要通过"语境"的检验、筛选，剔除不符合当时、当地的技术要素，比如，在发展中淘汰一些相对落后的技术基因组合，以及超出本土社会经济状况所能容纳范围的技术要素。

在黄土高原的地域民居建筑文化中，虽然有很多不同的表征，但是都存在共同的地域特征基因。在基因的自发式传递中，或者在同代进行复制过程中都会产生"累加效应"。这是地域建筑文化发展的必然，也是地域建筑文化自我更新的方式和手段，以使自身保持旺盛的生命力。在这样的发展过程中自然会出现"双言现象"。因为自身的发展保证了地域基因的存在，建构的结果仍然是一个家系的特征，虽然在外表会有所变异。这也是为什么一个地区的建筑，在外人看来总是异常丰富，但总保持着一种特定的"韵味"，从而让人感受到一种地域文化的魅力。

8.3.2　地域建筑技术文化"自我整合"

"累加效应"增加了地域建筑文化的表象类型，但是不会出现无限增长的状态，原因就在于地域建筑文化的"自我整合"。整合是一个诸多要素为着一个目标相互融合的过程，是一个吸收"益己"、剔除"异己"的过程。总之，建筑技术文化的整合，是一个对各种成就建筑的技术要素进行选择的过程。选择就要有原则和依据，因此要有背景条件。这个背景条件就是适合地域特征的"语境"。

在此不得不提到本尼迪克特所说的文化模式，那是一个行动心理学的概念。在她看来各种文化多于它们各个特质的总和。文化整体正是为了其自身目的才应用了这些文化元素，并且在周围地区可能存在的文化特质中选择了能为这个文化目的所利用的特质，舍弃了那些不可用的特质，同时也改造了其他一些特质，使之合乎文化目的的要求。艺术风格的形成和盛行的过程与此相同。

本尼迪克特认为，哥特式建筑文化的形成是文化整合的必然结果。因为"哥特式建筑最初充其量不过是人们对高度和光亮的一种偏好，但是由于在其技术中所确立起来的鉴赏规范作用，到了13世纪，它已成为一种独特的、同质性的艺术。它剔除了那些不融贯的元素，改变了其他元素以合乎自己的目的，并新创了一些符合其鉴赏趣味的元素。我们在描述这一历史过程时，不可避免地使用了物活论的表达方式，仿佛这一伟大艺术形式的形成过程存在着某种选择和目的。但这是由于我们语言表达形式的困难所造成的。不论是有意识的选择，还是出于某种目的，两者都是不存在的。起初只不过是地方性艺术形式和技巧中一种稍带倾向性的'偏好'，之后愈来愈有力地表现出来，并且整合成一种愈益确定的标准，最后形成了哥特式艺术"①。

富于地域特征的建筑技术正是为了达成某一个目标而存在着某种选择和目的，剔除那些不融贯的元素，改变其他元素以合乎自己的目的。这样的结果就是，在其技术中确立了独特的同质性，将地方技术中的"偏好"在发展中越来越浓重地表现出来，最终形成地域性技术文化。其中那个必须达成的首要目标，是解决建筑在当地的自然环境、经济条件中创造令人满意的舒适环境的问题。所以说，地域的技术文化，理应是一种"同质性"技术的集合。寻求"同质性"的过程就是地域技术整合的过程，通过这样的整合才会令建筑文化更加突出地域性文化特质。如此，通过技术的手段，对建筑文化进行整合的过程，是"新技术"与传统地域性"技术基因"寻求"同质性"的过程。"新技术"与地域技术"基因"的融合，将地域风格中的偏好、特征越来越清晰地表现出来，地域建筑文化便会不失个性特征的健康发展。

---

① 庄锡昌，顾晓鸣，顾云深. 多维视野中的文化理论［M］//克鲁柯亨. 文化概念. 杭州：浙江人民出版社，1987：126.

9　地域性建筑文化多元发展的技术途径

通过深入地分析，我们可以清晰认识到，地域文化的传承与发展拥有多元化的路径。将地域特征基因巧妙地"嵌入"到新一代的文化形态中，能够确保这些"子代"文化依然承载着"亲代"文化的鲜明特征。在当前的建筑设计领域，保持地域特色并不意味着要完全"复制"过去。相反，设计师们可以通过在设计中着重强调并优化地域技术基因的保留与提升，同时以一种创新的"融合"方式，将这些地域技术基因"嵌入"到新技术之中。这一过程不仅让"子代"建筑保留了原有的地域风貌，还赋予了人们接纳并应用新技术的能力。这样的发展模式是动态向前的，它代表着一种发展与进步的态势，而非静止不变、故步自封的"原样拷贝"。通过这样的方式，地域文化得以在时代的洪流中生生不息、历久弥新。

在"语境"持续动态演变的大背景下，对于传统地域技术要素的承袭与对新兴技术要素的选择性吸纳，均离不开理性的思考与审慎的判断。秉持一种辩证的整体环境观与发展观，对地域建筑文化发展的技术选择至关重要。这不仅关乎建筑文化的延续性，也涉及建筑技术创新的合理引入与融合，共同推动地域建筑文化的繁荣与发展。

9.1 整体环境观、发展观与技术的选择

9.1.1 环境观：对待环境的态度

我们探讨发展地域建筑意义的本身，就是强调建筑与环境的整体意识。这种整体环境观与"绿色建筑"理念不谋而合。众所周知，20世纪50～60年代，伴随着一部令世人警醒的著作——《寂静的春天》出版，人们开始重新认识自身与自然环境的关系，意识到人类不能继续无止境地肆意满足自己的欲望。生态世界观随着西方的绿色运动渐为人们所接受。建筑设计同样跟随这一洪流，《设计结合自然》等著作表现了设计师们对此的探索。到了20世纪80年代末，"可持续发展"成为世界性的行动纲领，西方兴起了"生态建筑""可持续建筑""绿色建筑"等思潮。打破了传统的以美学、空间、形式、结构、色彩等为主的建筑思考方式，取而代之的是从生态的角度来看待建筑，将建筑看作是生态循环系统的有机组成部分，与所处的自然环境放在一起整体地考虑。

自20世纪80年代末以来，在面对问题并选择解决路径的过程中，生态理念逐渐被确立为当时及后续建设发展的核心指导原则。这种转变源于人们对生态环境、资源保护等议题的深刻认识，以及对人类生存环境

可持续性的深切忧虑，进而促使社会各界以更加科学与审慎的态度审视发展模式。因此，我们意识到，最新的技术并非等同于最优或最适宜的选择，真正能够契合当地自然环境、自然资源条件和社会经济发展需求的技术，才是最为理想的技术方案。在此背景下，蕴含朴素"生态智慧"的地域建筑技术重新焕发光彩，受到设计师们的高度重视。他们不仅致力于保留和弘扬这些技术中巧妙适应当地环境与资源的精髓，还通过技术创新与改进，克服其固有的局限性，使之更加完善。如此，传统技术不仅成为评估建筑环境适宜性的重要"标尺"，更因其所塑造的独特外在形态，成为地域文化特质不可或缺的一部分，丰富了建筑的文化内涵与地域色彩。

随着生态世界观的日益深入人心，众多建筑领域的巨匠纷纷投身其中，不遗余力地进行探索与实践。他们从深度挖掘经典建筑技艺的精髓起步，进而不断精进既有建筑技术，最终迈向运用高技术追求与自然环境和谐共生的境界。

很多建筑工作者已经很好地把握了传统与现代和高技术的融合，从而用多种技术、最合理地达到技术的目的，通过多元化技术的优化组合，最大化地实现建筑技术的功能价值与艺术表达。以诺曼·福斯特设计的德国法兰克福商业银行总部（图9-1）为例，就充分体现了生态技术对于建筑空间形态的影响。该项目堪称生态技术在建筑空间形态塑造方面的典范之作。由于考虑自然通风（图9-2）、自然采光和人们的工

图9-1　德国法兰克福商业银行总部　　　图9-2　法兰克福商业银行建筑气流组织示意图

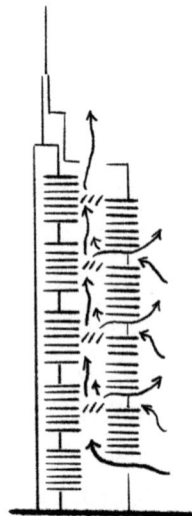

作视域等，综合运用多种技术，孕育出了前所未有且充满生机的建筑空间形态。

此外，如查尔斯·柯里亚、哈桑·法赛、杨经文等众多的建筑师已经把自己的建筑作品看作是环境的一部分，不能分割开。整体环境观促使我们更加关注技术的"合理"性，在保证建成环境的安全、健康性的同时，降低能耗、保护环境、尊重自然。

整体环境观要求对建筑技术的选择应该本着尊重自然的态度，将一切符合生态理念的技术，不论是传统技术，还是高新技术，根据自身的"语境"很好地协调，让技术完全实现其自身的价值。

9.1.2 发展观：对待技术发展的态度

首先，明确技术系统的复杂性及技术对于建筑文化的作用，不能忽视技术系统的各个方面。如果认为材料和技术对建筑艺术创作只是手段，认为它们与最后的"艺术"结果没有多大关系的话，那就大错特错了。只看到技术系统中的客观要素部分，而忽视主观要素和工艺要素部分在建筑中所起的作用，同样是错误的。因为技术系统是开放的结构，所以应该多层级思考技术的发展可能。

其次，明确技术的本质矛盾性，理性面对技术的新发展。前文已经明确阐述了技术的本质矛盾性对建筑文化发展的影响，明确技术对人类文化的发展具有双向促进作用，利弊共存。由于技术的迅猛发展给人类的社会文化带来了极大的冲击，建筑文化也不例外。由此产生的诸多现象令大众担忧。但是不能简单地认为技术可能会导致令人不安的结果而拒绝新技术。正如探究"克隆"技术如何颠覆传统意义上"人"的存在构成方式，相较于单纯担忧"克隆"技术可能被滥用于非法或难以预料的后果而言，理性面对技术的新发展显得更为重要。我们应多关注技术的进步所产生积极的一面，通过对新技术与传统技术的整合，尽量降低其负面的影响。因此对待"高新技术"就不必由于害怕"趋同"，心存过多的担忧而退避三舍。

最后，对于传统技术应该辩证地看待，避免在摒弃其过时建筑形式的同时，也将其中蕴含的精神财富一并抹去。将传统技术中能够提升的部分保留，作为发展中的参照点，对待传统技术的态度应该是理性地保存。传统技术不仅是古人与自然环境长期对话与实践的知识结晶，更蕴含着古人创造独特个性并保持其文化特性的智慧与方法。因此，这些技术不仅构成了历史与文化的珍贵参照，还为现代社会的伦理抉择提供了历史深度和文化维度的指引。

基于以上几点，笔者提出，对待建筑技术要用发展的眼光：技术在营造过程中的发展、技术自身的水平发展、传统技术在未来建设中的发展。首先，技术在营造过程中的发展，是明确技术对于建筑文化的生成作用，其复杂性提示我们，每一种技术要素在最终的建筑文化形态上都可能起到非常重要的作用，因此，在设计与建造的过程中，不能忽视任何技术要素；其次，技术自身是发展变化的，技术的矛盾性告诉我们，应该大胆接受新的技术，正确面对外来的"高技术"；最后，传统的技术在未来的发展中，仍会存在发挥力量的可能，可以在发展中继承传统技术，让它们在与新技术的融合中继续"生长""升华"。

9.1.3 新技术与建筑文化发展趋向

时代并非是一成不变的模板，历史的推移会赋予各个时代不同的特质。进入21世纪后，建筑技术"生态化""地域化""人文化""高技化"成为建筑文化发展的大趋势。这些特征为建筑文化发展贴上了21世纪的时代"标签"。

1. 建筑技术"生态化"

建筑技术"生态化"趋势遵行3R原则，这些原则指导人们在建设中对技术进行选择与使用，代表着绿色价值观与审美取向。重视建筑的生命周期，将建筑技术的使用与生态环境的利益真正协调在一起。

从20世纪80年代开始，在全球兴起的"绿色革命"改变了人们以往的行为规范和审美伦理。调整人类行为、满足自然生态的良性循环，以及保障人类生存的安全成为共同的行为准则。在建筑领域，受"绿色革命"的影响，人们要求传统建筑学进行变革，建筑技术又成为变革的"先头部队"和"主导力量"。新型建筑节能材料、建筑构造改良和可再生能源利用等，人们逐渐将相关的绿色技术引入建筑中来，如新型能源技术、绿色种植技术、废弃物和污染物综合治理技术、节能技术、能源循环再利用技术等。最终，绿色的理念被引入整个建筑体系，绿色设计理念已经延伸到寻求整治自然和人类社区的许多方面。2000年汉诺威世博会以"人·自然·技术"为主题，向人们展示了人类怎样借助技术的力量与自然和谐共处。其中日本馆的设计不像其他建筑偏重于空间和形式上的展示，而是从材料和结构的特性出发来契合世博会的主题，关注环保和资源利用问题。2010年上海世博会围绕"城市，让生活更美好"的主题，全面展现了城市文明的丰硕成果、城市发展经验，传播了先进的城市理念，持续探索构建生态和谐社会及实现人类可持续发展的居住、生活与工作新模式。在上海世博会的核心设计中，吴志强院士匠心独运的"世博轴"尤为引人注目，它融入了前沿的节能、环保和生态技术体系，涵盖了太阳能发电、LED节能照明、冰蓄冷系统、地源热泵技术、雨水回收利用系统。而其中的标志性元素——"阳光谷"，以其独特的巨型圆锥形态，不仅捕捉了自然的阳光，还高效收集雨水，成为"世博轴"上的一道亮丽风景线。

绿色的理念被引入建筑体系之后，生态技术为建筑的表征语言带来了许多新的词汇，如："空中花园"改善建筑的微生态环境；竖向空间利用被动式自然空气压力实现空气流通、置换；使用大面积的玻璃顶棚，充分利用自然采光；墙面使用双层玻璃以起到遮阳和绝缘作用；顶层采用透亮的高新技术太阳能板，既节能，又利于"空中花园"中树木的生长；楼内设中水处理系统，加上雨水收集系统，用于浇灌树木花草和厕所用水等。

2. 建筑技术"地域化""人文化"

建筑技术"地域化""人文化"在面临"文化趋同"现象中愈发显得重要。吴良镛院士曾指出建筑是地区的建筑。他同时提出："现代建筑的地区化，乡土建筑的现代化殊途同归，推动世界和地区的进步与丰富多彩"[①]。

在经历了各种建筑"思潮"之后的建筑界，建筑工作者们越来越清楚地认识到发展地区性建筑文化的重要性。在2001年北京国际会议中心举行的中国建筑学会2001年学术年会上，为宣传国际建协于1999年在北京举行的第20届世界建筑师大会上通过的《北京宪章》，展望21世纪建筑学的发展方向，促使宪章中提出的论点、思想、观念为建筑界和社会上更多人所接受与理解，其中心议题为："建筑与地域文化"，将发展地域建筑文化作为一个重点。在这个意义上说，地区建筑学的发展是21世纪的建筑发展趋势，这些我们从近二十年的建设实践中可以清晰地看到。

国际建筑师协会UIA金奖获得者的作品，充分展示了地域建筑特色在全球建筑实践中的重要性：1984年哈桑·法赛通过埃及泥砖建筑技术，推动乡村社区的自建与生态建筑实践；1987年瑞马·派提拉

---

① 吴良镛，北京宪章（稿），面向21世纪的建筑学，北京宪章·分题报告·部分论文，国际建筑师协会第20届世界建筑师大会，北京1999.

（Reima Pietila）以自然曲线和本地材料展示了北欧建筑的诗意美感；1990年查尔斯·柯里亚通过庭院布局与热带气候响应设计，诠释了印度现代建筑中的文化认同；1993年桢文彦（Fumihiko Maki）融合了日本传统与现代材料，创造了具有复杂空间层次的建筑；1996年何塞·拉菲尔·莫尼欧（José Rafael Moneo）在历史建筑与当代设计之间建立对话；理卡多·列戈雷塔·维尔基斯（Ricardo Legorreta Vilchis）则通过色彩和光影展现了墨西哥地域文化的视觉冲击力。这些建筑师的实践表明，建筑不仅是技术与艺术的结合，更是地方文化与现代需求的呼应。他们创造的富于地域特色的建筑作品令人瞩目。尤其是哈桑·法赛、查尔斯·柯里亚的作品，让我们看到传统地方技术升华提炼后，新建筑散发出传统文化的韵味，为建筑地域文化的延续和多元建筑文化形态的发展提供了范本。这些实践案例充分证明了地域性建筑在现代建筑发展中的不可替代性，也展示了技术与人文融合所带来的社会与生态效益。

在全球化趋势下，这些地域性建筑的探索彰显了文化传承与创新的必要性，并为未来城市发展提供了启示。在2020年11月，我国住房和城乡建设部明确未来中国城市建设目标：实施城市更新，从增量建设转向存量提质。在城市更新中对城市整体风貌的尊重、保持建筑群内整体性、保护利用历史建筑、塑造城市天际线与景观风貌、融入文化元素等，塑造具有独特魅力和文化底蕴的城市风貌，需要更加关注地域技术的传承以及与新技术的融合。未来建筑将更加注重多元文化共存与生态友好设计，通过融合本土智慧与全球视野，提升社区凝聚力与归属感，为文化多样性的传承和建筑学的繁荣发展奠定基础。

3. 建筑技术"高技化"

"高技化"是21世纪最突出的特征。进入21世纪以来，出现了许多新鲜的名词，诸如：全球化、可持续发展、金融危机、信息、网络、数字化、虚拟空间、网络技术、5G、大数据、人工智能、"双碳"目标等。这是一个充满高新技术的时代，人类社会的存在形式整体上发生了改变，从政治、经济、科学技术到文化、艺术，从人的行为模式到哲学观念与艺术审美，信息时代的技术特征无所不在。新材料所带来的结构、质感、肌理等特征，以及"网络"文化虚拟空间的冲击，使得21世纪的建筑五彩缤纷，令人目不暇接，从表象到内部空间都有更多的选择。在建筑技术领域，越来越多的高新技术被应用在建筑的建造中。尤其是"智能化"的技术，令建筑具有灵活应变的能力，让建筑与环境产生互动，仿佛是鲜活的生命体。

回顾建筑界的诺贝尔奖——普利兹克奖（The Pritzker Architecture Prize）[1]，那些获奖建筑师代表了建筑技术的发展趋势，"生态化""地域化""人文化""高技化"成为历届不同的主题。这个奖项的设立表明其目标和宗旨都是鼓励创造性、个性特色与手法特征；鼓励融合各学科最新成就、应用新结构、新材料；鼓励多元共存；鼓励先进建筑科技的全球化倾向与各国不同地区地域化特色的发挥。其中对于技术的重视可见一斑，从材料、结构的更新到其他学科的最新成果的应用，包括一些特色的手法。尤其进入20世纪90年代后，对运用新技术诸如新材料、新结构、新设备等创造的新建筑形式的作品大加褒奖。如槙文彦、克里斯蒂安·德·包赞巴克（Christian de Portzamparc）、伦佐·皮亚诺和诺曼·福斯特等人的作品都以突出的新技术特征令人瞩目。进入21世纪则更加注重对于生态技术的引入和地域环境特色的再创造，如2002年的普利兹克奖得主澳大利亚建筑师格伦·马库特（Glenn Murcutt），评审团对他的总结评述认为，格伦·马库特是一位现代主义者、自然主义者、环保主义者、人道主义者、经济学家，同时也是一位生态学家。他将这些学科的精华融入自己的建筑作品中……他的建筑作品是根据一个地方的景观和气候而特别制定的产物……为了和当地的地形和气候一致，他使用了多种多样的材料：金属、木材、玻璃、石料、砖块和水泥等，并恰到好处地让这些材料各尽其用……再如，2014年普利兹克奖得主日本建筑师坂茂（Shigeru Ban）关注灾区和临时建筑的设计，在2011年日本大地震后，运用创新材料和结构设计的纸教堂和临时住宅，既能快速建造，又兼具环境友好，为灾区人民提供了绿色且高效的建筑解决方案。还有2022年普利兹克奖得主非洲建筑师迪埃贝多·弗朗西斯·凯雷（Diébédo Francis Kéré）在布基纳法索的学校项目中充分利用当地资源，使用本地黏土砖；在非洲热带气候条件下开发自然通风和雨水管理系统，既降低了施工成本，又确保了建筑内部的舒适性。他的设计通过生态技术回应环境需求，既环保，又具有文化适应性。

从2000年到现在，多位普利兹克奖获奖建筑师的作品都展现了对地域文化的深刻关注和创新性表达，为我们理解建筑的地域化发展趋势提供了有力的案例。王澍于2012年获奖，是中国首位普利兹克奖得主。他的建筑融合了中国传统建筑的元素，使用废旧瓦片建造"宁波历史

---

[1] http://www.pritzkerprize.com

博物馆"，展示了历史与现代性的碰撞。他的作品不仅回应了当地传统文化，也提倡了可持续性与再利用的理念，成为地域建筑与现代环境设计结合的典范。再如拉斐尔·阿兰达（Rafael Aranda）、卡莫·皮格姆（Carme Pigem）和拉蒙·比拉尔塔（Ramon Vilalta）于2017年获普利兹克奖。他们的作品通过对场所精神的表达，将建筑与加泰罗尼亚的自然和历史文脉紧密结合。例如在奥洛特（Olot）的RCR建筑事务所的项目中，将建筑材料与环境融为一体，表现了对地域环境的敏感性。还有弗朗西斯·凯雷于2022年获普利兹克奖，以其在非洲的建筑项目而闻名。他的设计，如位于布基纳法索的加多村小学，不仅采用了当地土材，还引入了适应气候的自然通风系统。以上这些项目均体现了建筑如何与社区、文化和环境相互交融，为改善当地生活条件提供了实际解决方案。普利兹克奖历届获奖者的作品，都展示了技术与文化、历史与现代之间的平衡，使建筑技术成为解决当代社会和环境问题的有力工具。

普利兹克奖的获奖者展现了"高技化"在建筑中的广泛应用。这些新技术不仅提升了建筑的安全性与稳定性，还提高了设计的自由度与美学表现力。通过广泛运用先进的技术手段与工艺，强调技术创新与工程科学在建筑领域的深度融合。他们不仅追求建筑美学与功能的高度协调，还注重材料、结构、能源与信息技术的创新，提升建筑的质量、性能和可持续性。例如，2001年，获普利兹克奖的雅克·赫尔佐格（Javques Herzog）与皮埃尔·德梅隆（Pierre de Meuron）设计的北京国家体育场（鸟巢），展示了新材料和结构创新的结合。复杂的钢结构与格栅式外立面，使建筑在视觉上独具特色。再如，2005年，汤姆·梅恩（Thom Mayne）设计的加州州立大学校园，项目中运用了建筑信息模型（BIM）和高效能传感器系统。通过复杂的设计系统与智能技术推动了建筑的动态适应性，使建筑能够实时监测和调节自身的能耗与环境条件，实现了生态友好，并为未来建筑的智能管理提供了样板。此外，2021年，安妮·拉卡顿（Anne Lacaton）与让-菲利普·瓦萨尔（Jean-Philippe Vassal）在巴黎的社会住房改造项目中，通过引入透明立面和可调节模块，大幅度提高了室内的自然采光与通风，同时降低了能源消耗，并为社会问题提供了解决方案。

可见，建筑领域愈来愈关注建筑技术的"生态化""人文化""地域化""高技化"，并且从技术创新的角度鼓励进行新的探索。建筑技术的这四种趋势成为主导建筑文化发展方向的关键，结合生态技术、弘扬地域技术、重视工艺、发展高技术是建筑文化多元化发展的手段和途径。

9.2 技术途径的建筑文化营造

首先，应该明确一点，历久弥新的建筑文化的营造要选择正确的途径。对于所有的流派、思潮的诱惑，我们是不是都有必要跟随跑一段，以示我们经历了这段历史？以示我们没有被"潮流"抛弃？还是自己理清头绪，看清本质，把握根本的逻辑关系？我们都知道：建筑有了根基自不会轻易随风倒掉了。人云亦云的时刻肯定是自己内心没谱的时刻，明辨并理解表象之下的本质至关重要。我们常常慨叹社会上对于建筑审美标准的低俗化，时而追捧欧陆风情，时而倾向东方韵味，时而又转向西方风格……其实，问题的核心并不在于技术水平的进步与否，而在于如何精准地掌控自身技术水平，并以合理且巧妙的方式创造和展现建筑文化。

历史上涌现的各式风格与流派，其初衷绝非单纯对形式美学的盲目追求，而是"相由心生"——技术在此过程中自然而然地流露出一种质朴而深邃的美。就建筑文化的发展而言，其核心价值并不在于堆砌繁复、深奥的理论，或是刻意追求标新立异的风格流派，而在于切实运用恰当的技术手段，有效解决居住者的实际需求与问题。在此基础上创造性地运用技术，以多元化的方式塑造建筑文化，才是推动其持续健康发展的可行之道。这不仅体现了对技术本身的尊重与智慧运用，也彰显了建筑文化以人为本、服务生活的深刻内涵。

其次，正确审视并接纳自身的技术条件。每一个民族在其技术发展的进程中，都会历经不同的阶段，伴随着相对传统、乡土乃至略显保守的技术形态存在。然而，这并不意味着盲目拷贝所谓的"先进技术"便是唯一的进步之道。回顾历史，那些如今看似落后的技术，不也曾经孕育出令人叹为观止的经典建筑杰作吗？真正触动人心、具有深远意义的建筑作品，并非仅仅形式上的堆砌与模仿，而是基于对本土技术条件的深刻理解、灵活驾驭与精妙运用的结果。它们展现了技术与艺术、传统与现代的和谐共生，是建筑师智慧与匠心的体现。

粗布亦能织就精致华服，粗粮同样能制作美味佳肴，同理，地域特有的建筑素材亦能打造出既精致又触动人心的佳作。在科技日新月异的今天，被"新"形式取而代之的地域建筑愈来愈多。城市是"趋同"现象的聚集地，而广大的农村也已经在越来越广泛的交流中丧失了自我，所以在相当多的地区已经无法找到地域特色的影子了，只有那些相对偏远或经济不甚发达的地区，依然保持着地域的许多传统技术。这些并不是我们希望看到的景象，不考虑自身（特质），完全抛弃传统技术，全盘接受外来技术的方式是不可取的。

最后，积极融合"新技术"。在相当广泛的地区，建筑在发展中丧失了原有的传统风貌并非是当地人自愿的结果，很大程度上是由于传统建筑在某种程度上已经不能满足居住者的舒适要求。人的舒适要求是随着社会文明的进步及社会经济状况的改变而发生变化的，甚至人自身素质的提高也影响到他对舒适的理解和要求，这是一个模糊变量。在人类社会初始阶段能够遮风避雨就是舒适，慢慢发展需要冬暖夏凉才是舒适，现代人的舒适观包括更多的要求，比如令人精神愉悦、赏心悦目等。于是，许多传统的、在过去令人满意的技术在现在已经不能适应发展的需求，成为落后的、不舒适的代名词。所以，传统的地域技术绝不能故步自封、原样拷贝地传延下去，接受"新"的、先进的技术是必然的发展趋势。

从来新技术都是建筑文化发展的动力加速器，发展地域文化不能够停滞不前。前文中对于基因的累加效应的分析，显示了地域建筑文化发展过程中的自我复制，其中所添加的内容是本土基因以外的"新"要素，这些要素可以是外来的技术，也可以是新的技术，这样的结果才能促进本土文化向前发展，并产生多元的本土表征。只有吸纳更"先进"的技术，才能提高居住环境质量，令居住者认可。如果完全照搬过去的"适宜"技术，必然是失败而无生命力的。对于地域"技术基因"，在文化发展的传递中，最重要的是保持其技术的精神，即技术所要解决的最根本问题。每一种技术都是相对应于当地环境的某种特征而产生的，其主要实施的目的，是技术得以存在的关键。它可以成为一种理念，指导人们对各种"新"技术做出抉择。

9.2.1 技术系统的多层级要素与建筑文化的发展途径

技术系统的层级主要指三大要素中的各种具体要素。即指主体要素中的结构技术、构造技术、环境控制技术及防灾技术等；客体要素中的材料技术（还包括工具、设备等，这里不作探讨），以及工艺要素中的工艺。由于各要素在系统中的位置是平等的，不存在孰重孰轻的问题，所以这些要素的发展可以尽显其能。也因此在建筑文化的发展中可以通过多途径的方式，通过各要素中的技术"基因埋嵌"或者革新，以求得文化的合理健康发展。在地域建筑文化的营建中，应该对以上三方面的要素都给予同样的重视。

建筑技术的使用可以分为三个层次，其一为能够正确掌握和应用建筑技术，解决建筑的舒适、功能及结构问题；其二为合理地应用建筑技术；其三为创造性地、巧妙地运用适宜的建筑技术，创造既能满足使用者需求的舒适环境，又具有自身形态魅力的建筑。前两者都比较容易掌握，唯独这创造性地、巧妙地应用技术没有非凡的功底是无法企及的，这也是每一个建筑师都梦想达到的目标。下面以几位大师为例，分析他们如何"巧妙"创造性地利用技术来创造地域建筑。

巧妙运用技术有两种大趋势：其一为重视传统技术的再生；其二为利用高新技术达到最合理的、最完美的、最淋漓尽致的表达。但两大趋势都可以按照技术系统的要素分为三类，即主体要素的创造性应用、客体要素的巧妙应用，以及工艺要素的精益求精。

1. 主体要素的创造性应用

建筑技术系统的主体要素包括结构技术、构造技术、环境控制技术等。其中，构造技术不仅是建筑各个部分连接与组合的手段，它还承载了建筑空间的特性、功能及视觉表现的多重作用。在建筑设计中，构造技术的运用不仅需要考虑物理性能，还应结合美学和空间体验的要求，通过创新的方式达到功能和形式的平衡。以构造为媒介，建筑师可以将技术与艺术相融合，使建筑不再是单纯的技术堆砌，而是能适应环境、呼应人文需求的有机体。对建筑技术的巧妙应用，非简单地"正确"应用，区别在于不是为了构造而构造，或是为了结构而结构的结果，因为一个真正好的建筑绝不是简单的构造之和。

例如，托马斯·赫尔佐格的"构造式物理学（Constructional Physics）"，就是巧妙地应用技术解决建筑之内环境舒适的问题，同时塑造出自身的特性形态的范例。这是一位努力将生态技术合理巧妙地融入建筑艺术的建筑师，他曾是20世纪70年代生态理念绿色建筑理论的先锋人物。他将一种可以呼吸的构造技术巧妙应用于他的作品中。"构造式物理学"是他思想的精华，通过这种技术的选择方式：对自然、经济、基地条件、不同材料的性能及太阳能的利用等方面的分析，采取最优化的综合控制技术，并将这些合理的、适宜的技术巧妙融合在建筑的创作中，最终获得令人欣喜的艺术效果。

他认为使必要的技术特征显露出来，并将其细化成艺术的形式是技术塑造建筑的可行之策。所以在他的作品中可以看到精巧的结构自然而巧妙地结合自然环境，使建筑既体现了合理的逻辑又充满生机、独具魅力，他于1977年设计建造的德国雷根斯堡住宅（House in Regensburg）就是一个生动的例子。那是一个简洁的结构形式，倾斜的木梁镶嵌玻璃的屋顶充分地享受阳光的照射，使室内充满活力。那些纯技术化的外在形象并没有令建筑丧失亲和的"性格"，反而由于合理的木材料构架，加上与环境的结合，使建筑仿佛生长于那块土地，自然而亲切。

赫尔佐格还设计了双层式的被动太阳能系统，被称为"热洋葱"模式（图9-3），即建筑的外壳再"包裹"一层建筑。其目的就是设置需要较高温度的空间，然后在其周围设置缓冲区，温度渐渐降至与室外温度相近。这样可以有效地利用自身的热量改善室内热环境，并且双层的外围护结构可以充分利用太阳能。

建筑技术系统中的另一个主体要素——环境控制技术，包括：通风技术、采光技术、遮阳技术、保温隔热技术等。在20世纪下半叶的建筑发展历程中，已经出现了很多巧妙利用环境控制技术创造地域建筑文化的建筑师。

印度的查尔斯·柯里亚非常珍视传统建筑技术的真实魅力，在仔细推敲传统技术与自然环境之间的内在逻辑之后，将传统应对自然气候的朴素建筑技术提炼升华，从中得到典型化的技术手段。这些手段为他带

图9-3 德国雷根斯堡住宅精细的结构与自然的巧妙结合，令建筑生动而富有活力

来极具地方特色的地域建筑形态。在他的众多作品中，最具特色的技术手段是引导空气流动。"向天开敞""管式空间"是他从印度古老的寺庙建筑中分析得来的。柯里亚将这种引导空气流动的技术手段更加准确和高效率地发挥作用，并将其更加合理化地与现代居住建筑使用空间巧妙结合，从而塑造了其本土建筑文化形象。

这种对空气流动的引导技术帮助柯里亚形成了独具特色的建筑风格，在他的早期作品中得到了具体呈现，1962年建造的"管屋"（The Tube House）（图9-4）便是其中的典型例子之一。这栋建筑在1965年被拆除，但作为"低成本"住房的原型，它奠定了柯里亚设计理念的重要基调。坐落在印度古吉拉特邦的这座住宅，严格遵循"形式追随气候"的原则，借助少量的窗户和通风口在生活空间中实现冷空气的有效循环（图9-5），成为他后期许多作品的灵感来源。"管屋"在当时是环保住宅的先驱，以简约的建筑形式和朴实的技术方式，创造了一个经济、环保且舒适的居住空间，充分体现了柯里亚对传统建筑智慧的传承与创新。

除了低收入廉价住宅的"管屋"、贝拉普尔住房（Belapur Housing）等设计案例，查尔斯·柯里亚在高收入住宅设计中，也展现了他对地域性和气候适应性的深刻理解。1983年建成的干城章嘉公寓（Kanchanjunga Apartments）（图9-6、图9-7）便是其高收入住宅项目的代表作之一。这栋位于孟买的高层住宅不仅结合了传统与现代，还巧妙地将开放的露台、庭院及充满空气和自然光的空间，与成本效益、节能和集水等技术结合，创造了宜人的居住环境。干城章嘉公寓设计了半室外的露台空间，既保证了隐私，又为每个住户带来了自然通风和充足的采光，减少了对空调和人工照明的依赖。这一布局不仅适应了印度的热带气候，还

图9-4 "管屋"

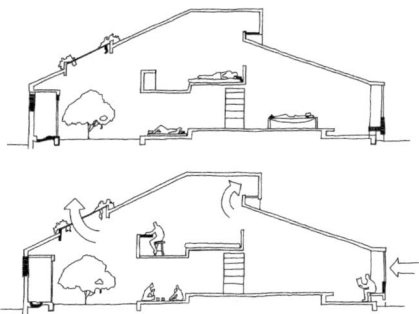

图9-5 "管屋"冷空气循环示意图

图9-6 干城章嘉公寓

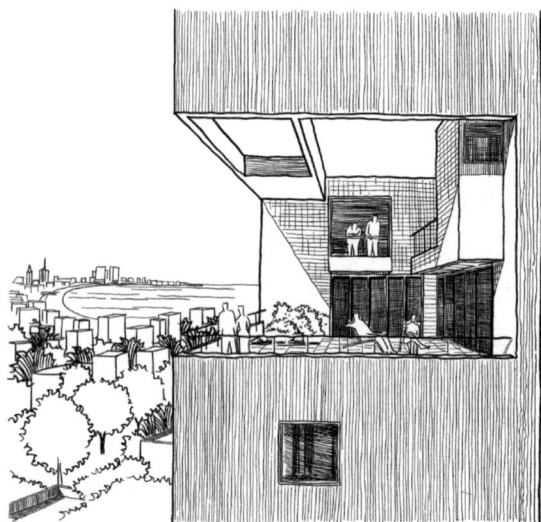

图9-7 干城章嘉公寓

为高层住宅创造了独特的空间体验，使其成为现代印度建筑中的经典之作。柯里亚的设计始终在尊重和传承传统建筑智慧的基础上进行创新，利用当地的材料与技术，塑造了独具地域特色的现代建筑文化。

SOM建筑设计事务所（Skidmore，Owings and Merrill）在吉达港设计的沙特阿拉伯国家银行，虽然地处地中海沿岸，但是该地区仍然属于典型的热荒漠气候，酷热、干燥的气候环境，因此建筑的首要问题是解决遮阳、降温、通风。所以为了尽量减少室内被阳光直射和外部环境热浪的侵入，所有的房间都向内部开窗，而建筑的整体外墙设计成实体，在局部交错地打开几个高空间，作为朝内开窗的房间采光"天井"，所有的窗户都藏在了阴影里，同时解决了通风问题，并巧妙地为人们创造了阴凉的室外交流空间。巧妙利用技术一举多得地解决了建筑的内部环境问题，同时塑造出地域性现代建筑。

杨经文的生物摩天楼已经广为人知，他也是巧妙利用地域性技术赋予其作品以地域性文化特征的建筑师。由于马来西亚地处热带，防热成为建筑的必需技术手段，他设计的格思里亭台（Guthrie Pavilion）堪称是创造性地利用这一技术的作品。为了利用阴影防热，他在建筑的屋顶上方设计了一个巨大的顶棚，造型依据建筑的平面形状显得很别致，这是一个巨大的遮阳构件。建筑物在这样一个巨大的遮阳构件下，大大减少了太阳对建筑物围护结构的直接照射，从而减少了进入建筑物室内的热量，达到降低室内温度的目的，并且同时可以减少66283KWh的能耗。

伦佐·皮亚诺在悉尼东面的新卡里多尼亚（New Caledonia）的玛丽·吉巴澳文化中心，为他赢来了许多的赞誉。因为这个建筑作品将时代技术特征与地域文化展现得恰到好处，融合得天衣无缝。皮亚诺对该建筑的形象解释为，像一个有防御工事的生物体。其设计思想是当地美拉尼西亚文化的多重象征，皮亚诺从新卡里多尼亚传统棚屋上找到了灵感：那些由多层树叶盖成的棚屋，树叶层既能提供凉爽通风，又可以分散外来风力。这种特殊的"构造"形式启发了皮亚诺在设计时采用了木屏风做外层，使它具有相同的功能，既能遮挡阳光的暴晒，又能分散来自海洋的风力。材料选择了胶合木肋，其弯曲的形态与树叶带有同样的自然气息。在外层屏风的后面是玻璃墙面，这样，外层屏风与玻璃墙面之间就形成了一个空腔（图9-8），可以利用烟囱效应原理，在有风的时候利用风压将室内空气吸走，促进空气流动，保证室内的凉爽和空气质量。即便是无风的日子，室内热空气也会通过风道排出室外。在整体的弧形空间形态上可以柔化来自四个方向的自然风，尤其是建筑向外的弧形将吹向建筑的风导向建筑顶部，这样就在夹层空腔中形成不完全真空，将室内空气有效地吸出室外。这样的通风技术成为这座建筑最大的特征，其次材料的选择充满了地域文化特色：他选用竹木片，使建筑充满了地域色彩和肌理（图9-9）。

随着全球化的深入发展，许多城市出现了"千城一面"的问题，这引发了对地域性和文化身份的反思。进入21世纪后，中国更加关注如何在现代建筑中体现地方特色。越来越多的中国建筑师开始在设计中引入地方气候适应技术、传统材料和乡土工艺，尝试在全球化的语境中重新

风力引起的通风 | 由入风力产生的压差

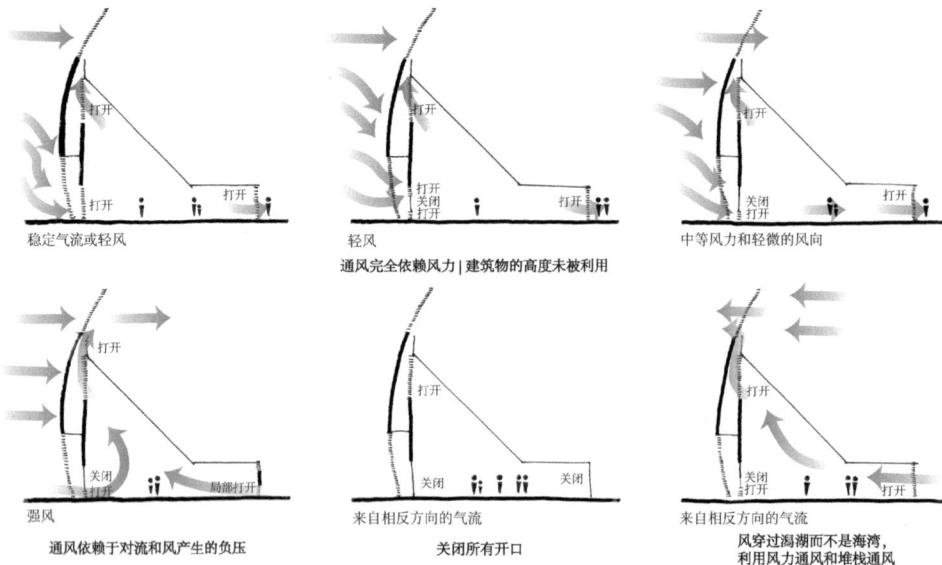

稳定气流或轻风

打开

打开 打开

轻风

打开
关闭
打开

打开

中等风力和轻微的风向

打开

关闭

打开

通风完全依赖风力 | 建筑物的高度未被利用

强风

关闭
打开

局部打开

来自相反方向的气流

打开

关闭

关闭

通风依赖于对流和风产生的负压

关闭所有开口

来自相反方向的气流

打开

关闭
打开

打开

风穿过潟湖而不是海湾，
利用风力通风和堆栈通风

图9-8　吉巴欧文文化中心节点细部设计，夹层空腔

图9-9　吉巴澳文化中心建筑外皮设计
（外层木屏风提供凉爽通风的同时，可以分散风力；外层屏风结构选用地方材料，经过精
细的工艺组织后呈现的细腻的肌理）

定义具有地域特色的建筑形态。这一趋势不仅是对中国传统建筑智慧的
继承，也是对可持续发展理念的回应。

　　如王兴田教授2009年设计的深圳隐秀山居酒店（图9-10），充分考
虑了自然通风、垂直绿化构造遮阴的技术手段来适应深圳的炎热气候。
在场地设计中让建筑形成"L"形状的布局来引导夏季通风，以及利用
西北侧的山丘与林带在冬季削弱北风强劲的势头，酒店将客房全部面向

水面,视野开阔,以最大限度地
争取自然景观。夏季,水体与植
被调节了基地微气候环境,改善
了酒店空间的舒适度,垂直绿化
的遮阴技术让酒店的立面生机盎
然(图9-11、图9-12)。

传统地域建筑技术的应用是
历史街区风貌保护中的关键。这
些技术承载了丰富的历史信息
和地域文化特征,是保持街区独
特风貌和文化认同的重要手段。

图9-10　隐秀山居酒店

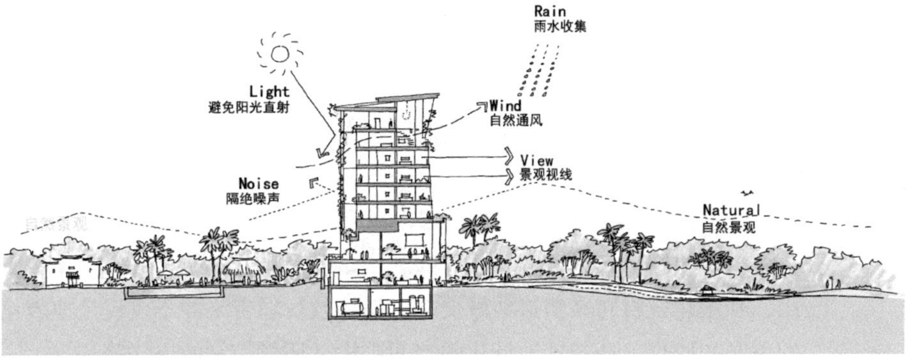

图9-11　建筑生态、低碳设计分析图(王兴田教授提供)

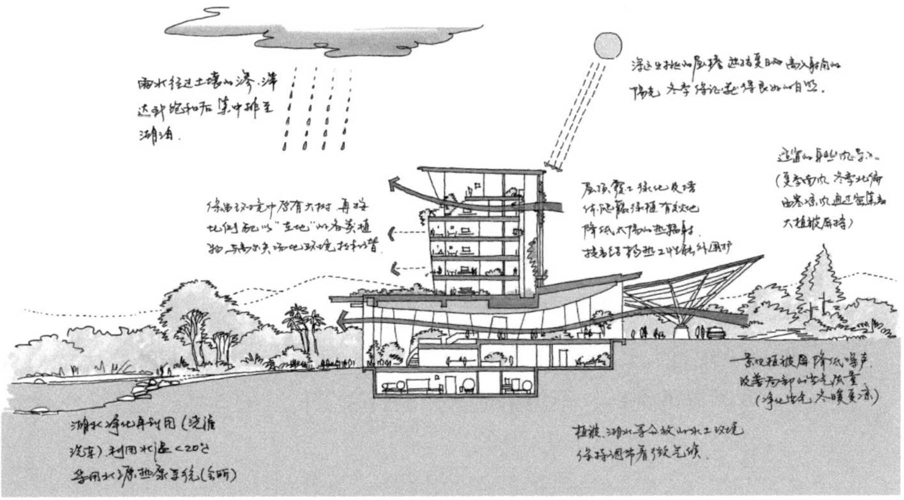

图9-12　风、光、水、地自然要素的有效利用(王兴田教授提供)

在中国新疆喀什老城区抗震改造与风貌保护的课题中[①]，王小东院士明确指出，风貌保护主要是保护喀什老城区的构成肌理和空间形态，保护的是那些形成了喀什民居独特空间的因素，而非单纯保护原物或危房。在这一理念指导下，保留那些具有保护价值的空间形态要素，特别是那些深深植根于乡土、针对当地气候特点而发展起来的遮阴隔热技术。这些技术构成了喀什民居中最具地域特征的形态要素，其核心原型空间始终贯穿于整个建筑体系之中，这些原型空间的成长机制正是为了适应喀什地区炎热、日照强烈的自然环境的乡土生态建筑技术。

具体而言，这些技术包括完整的遮阴系统，如房前檐廊、庭院内的高棚、过街楼、半空楼及高墙窄巷等，它们共同构成了有效的遮阳屏障；独特的通风系统，民居外立面的开窗设计尤为讲究，外围不开窗或少开窗，而高侧窗、屋顶天窗以及院落内部的大窗则形成了良好的空气对流；乡土材料的保温隔热系统，充分利用土的热效性能，打造出具有本土特色的外墙。这些乡土技术共同构成了喀什民居风貌中最具地域特色的元素。

2. 客体要素的巧妙应用

对于建筑师来说，客体要素的利用主要是指对建筑材料的选择、应用，利用建筑材料来塑造地域文化。而地域材料带来的不仅仅是地域化的色彩和肌理，还包括地域化的空间结构、环境控制的方式等。

埃及的哈桑·法帝（Hassan Fathy）是重视传统技术的重新认识和巧妙利用的建筑师代表。他结合自己国家的发展条件，对本土的传统技术进行再认识，发掘那些为本土建筑文化带来特征性的地域技术、地域材料及结构方式，让那些传统的技术为创造更好的舒适环境而重新焕发光彩。

新古尔纳村规划与建筑设计是哈桑·法赛的代表作之一。他对本土建筑材料进行仔细研究，重新评价其物理特性与其带来的地域文化特质，并将传统的拱顶作为传统建筑语汇的重点形式语言。在他的作品中与材料完美结合与表达，最终将本土的地域建筑文化特质重现神韵，创造了现代与传统的交融。在这里，他选择的地域性材料"土坯砖"（一种晒干的泥砖）不但给他的作品带来了传统的地域性色彩和表象肌

---

① 王小东. 一个建筑师的梦——《西部建筑行脚》续集 [M]. 北京：中国建筑工业出版社，2024.

理，而且在"土坯砖"适应的结构方式上，弘扬了地域结构"拱顶"（图9-13）。于是，地域性的建筑文化"符号"又在新的地域建筑中继续"生长"。他在具体的设计中为了达到室内舒适的目的还采用了一些技术手段，主要采取的手段包括：降低热吸收、降低建筑物周围温度及加强室内空气的流动。以这样的技术手段解决酷热所带来的不适的同时，塑造了传承其本土建筑文化神韵的"新地域建筑"。它们的形态特征是：土坯砖及其肌理、半球形拱顶、小窗洞、稠密的建筑布局、捕风窗、设置内庭院等。新古尔纳村的设计过程涉及对埃及传统建筑技术的广泛研究，这不仅符合当地的建筑实践，而且提供了可持续性和成本效益。

中国设计师王澍的代表作品——宁波博物馆（图9-14），其外立面采用了宁波地方特有的建筑技艺——"瓦爿墙"。大量回收的旧砖瓦被重新利用，使得博物馆的质感和色彩完全融入自然之中，极具地方特色。竹条模板混凝土也是宁波博物馆的一大创新之处。竹子是江南地区的特色植物，王澍巧妙地将其与混凝土结合，创造出了一种全新的建筑材料，使得博物馆的外观更加独特且富有艺术感。

王兴田教授匠心独运设计的隐秀山居，坐落于深圳龙岗，自设计之初，便深度考量了当地的建筑风格、材料运用、传统工艺和精湛的工匠技艺，尤其将原生木材这一关键元素纳入核心考量范畴。鉴于岭南地区植被葱郁，森林资源丰饶，采用木结构不仅便于利用当地材料，与自然环境和谐相融，还具备绿色环保、节能抗震等多重优势。基于此，设计

图9-13　新古尔纳村

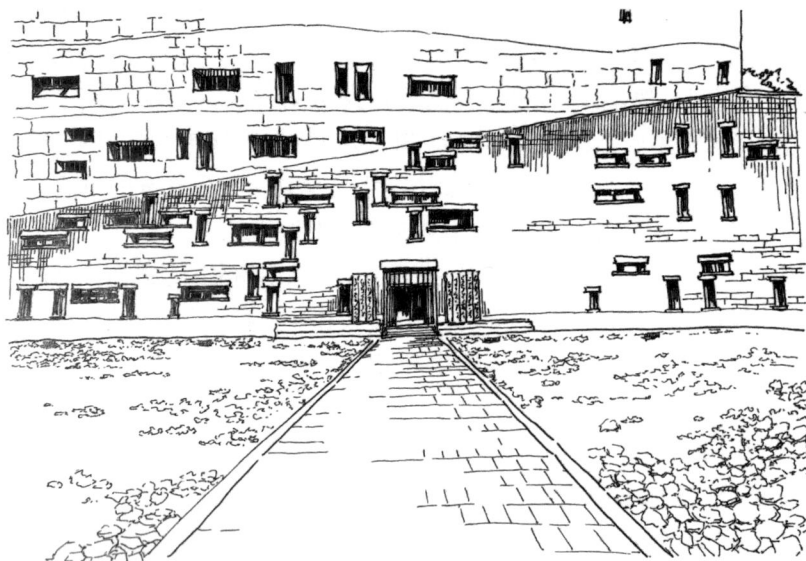

图9-14　宁波博物馆

团队产生了将整个酒店采用木构建造体系的大胆构想。然而，这一设想在当时国内的相关规范和技术条件约束下，面临巨大挑战，似乎难以实现。经过与多个相关部门的反复沟通与深入研讨，最终决定在酒店入口处保留木构雨篷作为折中方案，这是"在地化"设计在实践中的一次重要尝试，同时也成为酒店入口处一个引人注目的标志性设计，成为酒店设计中一道亮丽而独特的风景线（图9-15）。

　　建筑大师路易斯·康的作品，同样注重对客体要素的把握。他在印度用红砖建造的一系列包括：学校（图9-16）、旅馆、医院等建筑，都充分利用了材料的亲切感和地域性，并将红砖所适应的结构形式"拱"（图9-17），运用得淋漓尽致，创造出现代的形式、古朴的肌理、地域化的个性特征。

　　3. 工艺要素的精益求精

　　建筑师所能把握的工艺要素是在建造过程中的施工"工艺"，这一过程决定了建筑表象形态的细致程度和精细度。

　　赖特的建筑肌理是他作品中令人难忘的大手笔创作。无论是他利用天然材质差异塑造出的个性魅力，还是他亲手炮制的"肌理砖块"，都令人赞叹，以极其精妙的工艺组合为建筑作品添彩。由于日本早期的传统建筑对他的建筑理论的形成产生了影响，使他不仅在流动空间方面，还对建筑材料的选择和恰到好处地运用方面都推崇不已。把建筑当作编

图9-15　隐秀山居酒店

图9-16　印度管理学院

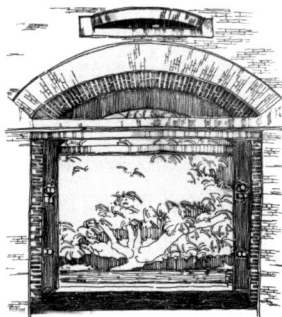

图9-17　印度管理学院

织物，源自于他受到戈特弗里德·森佩尔（Gottfried Semper）的影响，森佩尔坚信所有建造形式的原始雏形都是纺织产品[①]。于是赖特把材料当作织物，所有建筑的表面都可以用压印花纹的砖来建造。1923年建造、位于加利福尼亚的米勒德住宅（图9-18）中可以看到。他以此创造极具趣味性的建筑表面肌理和东方情调。赖特也很注意利用构造的形式来解决室内的舒适问题，比如，他将那些"肌理砖块"建造成双层的构造形式，中间的空气夹层使建筑室内冬暖夏凉并且保持干爽。

---

① FRAMPTON K. Studies in tectonic culture [M]. Cambridge, Mass.: MIT Press, 1995: 94-96.

图9-18 米勒德住宅

当代大师中，让·努维尔是一位利用高技术、同时营造地域文化的成功实践者，他的代表作之一是位于法国巴黎的阿拉伯中心。那些建筑外表皮可以自动调节光线的孔洞，以源于阿拉伯传统图案的形式有序地排列，因此这些孔洞成为在高科技与地域文化之间搭起的桥梁。那些大小不一的孔洞，可以根据光线的强弱自动调节大小，工作原理类似照相机光圈。他巧妙地将高技术与地域工艺完美结合，创造出"高技地域"建筑。

安藤忠雄，作为当代建筑界的一位杰出大师，其以极简主义美学理念和对自然材料的热爱，特别是玻璃与清水混凝土的巧妙运用，开创了独树一帜的"安藤式"建筑风格。他的建筑作品在工艺层面令人印象深刻，特别是清水混凝土的应用，堪称艺术巅峰之作。清水混凝土，又名装饰混凝土，以其未经雕琢的自然水泥墙面为标志，展现出非凡的构造美与独特的审美价值，如力量感、纯净感和质朴的材质魅力。通过一次性浇筑成型，避免了后续涂装、贴面等装饰步骤，直接呈现混凝土最本真的面貌。安藤忠雄的作品赢得了广泛赞誉，在国际舞台上产生了深远的影响。他精心挑选材料，深度介入材料与工具的制造和使用过程中，不断创新浇筑技术，使得其作品中的混凝土展现出前所未有的质感——既光滑，又细腻，甚至有温润的手感，仿佛被赋予了新的生命，展现出与众不同的温柔与雅致，代表作品有光之教堂、水之教堂（图9-19）、

图9-19 水之教堂

住吉的长屋等。

综上所述，不论是"传统"的或是"高""新"的建筑技术，在生态理念指引下，结合地理环境特征，创造地域建筑文化都是可行的。往往具体的地域建筑形态特征来源于地方性技术，比如，地域性环境控制技术、材料技术和工艺等。将这些地域技术提升后再利用，将会获得令人满意的现代地域建筑。

9.2.2 重视发展工艺要素

回顾历史我们会发现，不论是中国还是西方，人们对于建筑的工艺方面都很注重。西方在"工艺、技艺（skill）"方面一直很重视，有很好的传承。西方的工匠、匠人早在文艺复兴时期就有一条规定，建筑师只有被接纳进一个建筑工匠组织之后，才能执行他的工作。如：文艺复兴时期的珊迦洛兄弟（Sangallo brothers）就是普通的木匠，洛赛立诺（Rossellino）是个瓦匠，伯鲁乃列斯基（Brunelleschi）是个雕花匠，贝内代托·德·马亚诺和品特立（Benedetto da Maiano and Pintelli）都出身于大理石匠世家等。由此可以证明，西方古代对建筑师"工艺"技能的重视。

我们虽然一直很钦佩西方对于"工艺、技艺（skill）"的深刻把握，但事实上，中国自古就存在对"工艺、技艺（skill）"精益求精的要求。中国传统建筑向来以木材为主，在传统木构架建筑中，砖仅作为一种辅助建筑材料，然而中国古代的匠人对砖的态度同样一丝不苟，在砖的使用、二次加工、排列上都独具匠心。比如，西方建筑中所使用的砖料，经过制坯烧成后，一般不经过二次加工；而中国古建筑所用的砖料，往往要经过二次加工。这就使得砖与墙面具有表面洁净平整、棱角完整、质感细腻、规格准确的特点。砖的削切会根据不同的摆放位置而出现不同的二次加工手法（图9-20），"磨砖对缝""水磨青砖"的感观，由此而生。

砖的排列与组砌形式的变化，构成了中国古建筑的墙面艺术（图9-21）。单就砖的排列和组砌就有很多种形式，不仅是砖的摆放，还有砖缝的形式。不同的组合使中国古建筑的墙面拥有别具特色的魅力。砖与灰缝，或和谐如一，或对比鲜明。灰缝的经营调理就有很多种手法（据考可归纳为6种做法），使得本来不起眼的灰缝对墙面的观感（质感）提升起到了举足轻重的作用。真是一砖一缝都要苦心经营，可见匠心无所不至。这是在"工艺、技艺（skill）"上的一种文化表现，显示出建造者细腻的情感与精湛的技艺。工艺之精巧是中国传统建筑之所以大气恢宏又细腻、稳固的原因。这说明原来中国并没有轻视"工艺、技艺（skill）"，我们并不需要一味地艳羡西方的重"技"。

"工艺、技艺（skill）"对于建筑风格的形成起着重要作用。风格是建筑个性文化特征的代名词。在欧洲意大利文艺复兴时期，"技艺（skill）"毫无疑问对风格的发展有很大的意义。"建筑师，即手艺匠，继承了罗马、伊达拉里亚和中世纪乡土环境艺术的偏爱，并把这些偏爱首先注入他手中的建筑材料和创作条件中去，从而形成了意大利不同地区鲜明的地方特色：塔斯干尼丰富的毛石墙面处理手法形成的外貌，菲拉拉凸起和多雕饰的墙面，伦巴底和罗马附近（以及波伦亚）的红色砖

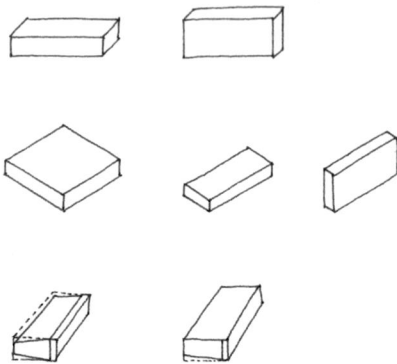

图9-20　砖的削切会根据砖的不同摆放位置而出现不同的二次加工手法

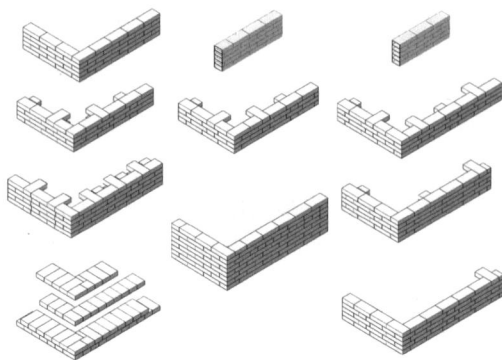

图9-21　中国古代砖墙的垒砌工艺手法

墙，威尼斯的大理石墙，等等"①。可见"技艺（skill）"对特色建筑文化生成的影响之深。

工艺是随着技术的发展而不断更新和变化的。中西方古代建筑中对工艺的看重，成就了世界建筑历史中的辉煌。然而工艺的发展也是迅速的，不只是"手工艺"才称为工艺，还有机械化工艺的存在。技术的发展使机械越来越多地应用在建筑施工中。

不同阶段对不同的材料，需要采用不同的工艺处理。如同工艺品一样，对于建筑，机械与手工有各自的美与风格。"机械独特的美，应该表现出手工不能显示的美。机械产品必须寻求适合于机械的美"②。建筑与工艺品有共同的特征，在建筑的发展中，也要符合技术发展的进程，寻求技术合理的美感。用机械化的工具无论如何巧妙地模仿手工，结果都是失去了它原有的价值。不同的技术时代有不同的创作手段相适应，形成各时代的"工艺"审美和风格。

在现代建筑中就曾发展出几种与现代建筑材料相适应的工艺手法。比如著名建筑大师勒·柯布西耶在1931～1932年设计"巴黎市立大学瑞士学生宿舍"时，首先采用脱模以后不加粉饰的混凝土墙面，保留水泥、木模板粗糙的痕迹，这种手法在日后不但成为他的设计标志，同时也在20世纪60年代促成了"粗野主义"的发展。这种针对混凝土材料的工艺表现手法，突出地表现在暴露粗糙的水泥墙面、不作墙面粉刷和处理、采用特意留下浇筑水泥时的木模板痕迹等方面，体现材料在建造过程中所产生的特有痕迹。此外，还用粗大的结构如柱、窗口的处理，来体现新的美观。柯布西耶称之为"机械美学"。而另外一种水泥的工艺做法，也令人赞叹不已，那就是日本当代建筑师安藤忠雄的作品。与"粗野"形成鲜明对比的是他的细腻与光滑。同样的材料通过建造过程中的不同处理手法，呈现迥异的肌理结果。两种工艺产生的文化形态和文化意义存在明显的差异。不同的感受是基于人对事物的看法或体验，脱离开人，无法谈文化，所有文化的形成都基于人的审美共识，就像我们如何去衡量划分"粗野"与"细腻"一样。而"技艺（skill）"正是把人的审美具象化的终极手段，所以有人曾说，创造那些精美、惊世之作的是那些"技艺（skill）"丰富的工匠。

在建筑发展史上的几次重要的文化运动中，都存在对"技艺（skill）"

---

① 金兹堡. 风格与时代［M］. 陈志华，译. 北京：中国建筑工业出版社，1991.
② 柳宗悦. 工艺文化［M］. 徐艺乙，译. 北京：中国轻工业出版社，1991：67.

的思考。诸如"工艺美术"运动和"新艺术"运动，都是对机械化、工业化厌恶，希望能够恢复中世纪设计讲究、手工艺精湛的时代——强调"技艺（skill）"，提倡追求真实统一，强调内在本质的逻辑美，显示出当时对于技术发展的思考。在面对新技术挑战时采取的应对措施，虽不完全成功，却有可取之处。厌恶机械化、工业化，只是人们在找到出路之前的彷徨。而其讲求手工艺，提倡追求真实统一，强调内在本质的逻辑美的一面是值得称赞的，说明都发现了"技艺（skill）"对于文化发展的重要。

9.2.3 "和而不同"与"新技术"

地域建筑文化中的"和而不同"现象，同样暗示着全球文化的"和而不同"。因为技术系统的作用原理是相同的，不论是地域的或是现代的，技术系统中技术要素在传播中都会产生"累加效应"，多元是必然的。

全球经济一体化对世界文化的冲击是有目共睹的，文化"趋同"现象的出现令人担忧。但就文化的发展趋势看，未来世界的文化不可能一元化，多元化的特征体现为"和而不同"，即各地域文化既和谐相处，又保持自己的个性。在建筑文化的发展中，笔者认为，对于各地区的建筑文化来说，"和而不同"应该存在两层含义，那就是"和谐"与"随和"。"和谐"指的是各种地域性建筑文化的和谐共处；"随和"指的是接受新的技术，不拒绝改进建筑质量的可能性。"不同"就是在接受"外来"的、"新"的技术的同时，保持自己的个性特征。因为一种文化要具有开放性，才能有生机和活力。不吸收其他文化长处的文化必然衰败，这是发展的定律。所以，在建筑的发展历程中，"和谐"与"随和"决定了对待"新"技术的态度。

那么，如何顺应文化的发展，如何创造或保持地域文化的特征？这在建筑界是令人深思的问题。现在建筑师的迷茫，如同当初19世纪建筑师所面临的一样，一个困扰当时建筑师的主要问题就是，形式如何以及应该从什么途径去找寻未来建筑的形式等。而形式的产生应该符合"相随心生"的原则，即当技术完美地完成了使命之后，会自然而然地生成建筑的空间形态与外在形式。美的事物应该是圆满地实现了特定时代和特定地点的要求和思想的东西。建筑技术文化的发展应该符合美的规律，既体现时代特征，同时又不失地域特色。时代特色技术诸如21世纪出现的生态技术、智能技术、网络技术等，而地域特色技术则指顺应当地自然地理环境的、可再利用的传统地方技术。这样的发展不排斥新技术，同时结合地方特色技术，才是理性的"和而不同"与"趋同存异"的发展原则。

技术的进步不可避免地附带产品——全球化现象。每一种文化的发展都不是对传统简单的重复，而应该是一种创新。对前人遗留未解的、仍存疑虑的问题进行再创造。所有的文化，既要合作，又要妥协。合作——对于适宜技术的接纳融合；妥协——对于可取代自己的落后、不科学方面的技术妥协。这一切一定是站在自己民族文化的立场之上的。应该严格控制接受什么或不接受什么，对新技术进行理性整合。这一原则是铸造地域文化的关键。因此，在建筑设计上刻意追求国外某种流派的做法没有任何意义可言，连被称为"高技派"大师的罗杰斯本人也不喜欢"流派"这个概念，原因是它太封闭了。求建筑之根本、内在之逻辑才是可行之道。创造个性魅力的建筑形态是建筑师努力实现自我价值的表现，然而在个性发展中对于新技术的选择至关重要。对待新技术与地域技术，没有必要把这两者对立起来，不同地域的特色"合理"地加上新技术的支持，会使地域特色得到更强有力的表现。生态建筑可以利用高技术手段，诸如计算机和信息技术等，把固定的建筑围护结构变成相对于气候可以自我调节的围合结构；也可以采用适宜的地方技术，结合一定的先进技术手段，使建筑更低损耗地适应当地的自然环境。

同时，建筑技术是"和而不同"的基石。原因有三：首先，建筑技术是建筑文化生成的重要影响因素之一，从建筑材料到建筑结构，以至建筑的实现过程，都离不开技术的支撑；其次，技术自身的发展反映了同时代社会的经济、文化，并且建筑技术本身就是一种人类处理人与自然环境关系的手段，地理条件对于建筑的影响是必然存在的，技术的主动性必然使建筑适应本土的自然环境、气候特征和自然资源等，使建筑具有时代的地域特征；最后，技术是最活跃的因素，材料、结构的变化往往给建筑形态带来更大自由度的空间变化。

建筑文化这一"表层结构"是建筑技术系统在"深层结构"限定下的逻辑转换。从建筑技术的角度分析，挖掘其深层结构中相互的关系，以及其结构关系的发展变化规律，是探索建筑文化发展所不可或缺的，关注建筑文化应首先关注其技术构成。所以，笔者认为，建筑地域文化发展的趋势从建筑技术角度分析，应该有几条可以探索的途径：第一，要理性选择、接受外来的新技术、新结构、新材料；第二，要对有利于自身文化特色的技术要素进行开发、挖掘；第三，要对新技术进行整合、合理重组；第四，应正视发展过程中传统文化的时效性，不可急于求成；第五，应正确看待技术与自然的关系。

欲求发展地域建筑，对待新技术应合理引进、理性整合，不应一成不变地抱着传统不放，同时应注重新技术的"人道化"使用。因为伴随着科学技术的迅猛发展，由于片面地强调物质消费，人类丧失了与自己、与生命的接触，过于倚重技术和物质的价值，丧失了深层的情感体验能力，也丧失了与这些体验相伴随的喜悦和悲伤。这是技术的非人道化发展的结果。于是引发的现代非理性主义的人文主义思潮开始得到迅速地发展。尽管非理性主义思潮风格殊异，但它们都表达了一种对技术社会中人的处境的深切关怀。这说明社会呼唤技术的"人道化"。追求人与自然的契合交感，反对工业文明带来的人与自然的对立与敌视，成为世界共同的目标。技术的"人道化"发展是必然的趋势，而建筑技术在建筑中的作用更应该促进人与自然的契合。

下篇　小结

地域建筑文化在发展过程中，往往在保持大的共性的同时，仍然存在小的差异。综合分析其主要原因有三点：①技术的本质矛盾性和复杂性。由于建筑技术文化来自建筑技术系统中多种要素之综合作用，其中任何一种要素的变化都可以引起外在表象文化产生差异。尤其是作为地域文化"基因"的特征技术要素，以及其中作为组织技术客体要素与主体要素关系的"工艺要素"的差异，都会造成表象文化产生差异；此外，自身技术要素的组合方式差异，同样会造成转化结果产生变化。②"语境"的差异影响对技术要素的选择，导致结果的不同。③外来技术要素的影响，包括外来主体要素、客体要素和工艺要素的介入，会使传统的地域建筑出现"新鲜"元素的表征。

在地域建筑文化发展过程中，自身技术要素的匹配和外来技术要素的作用，在本土体系中会出现技术要素的"累加效应"，产生多样化的表象结果。但是这种累加受到自身"生存""语境"的修正，进行自我整合，从而不会无限膨胀，导致失去地域的综合性特征。对于全球的建筑文化发展，技术基因的"累加效应"同样可以揭示建筑文化多元的内在原因。

与此同时，生态理念是新时代中促进地域文化发展的催化剂。在生态理念的指引下，建筑师对于技术的选择和把握，都会更加利于地域建筑文化的发展。

下篇结论：

①地域建筑文化发展在自身的特征性文化的总趋势下，仍然存在多元的一面。地域建筑技术文化的发展"基因"在以多种方式传递的过程中，存在着"基因"的"累加效应"现象。因此，即便在同一地域内的建筑文化，也不是简单划一的（理论上讲，也不应该是完全一样的面孔）。

②工艺要素在技术客体要素与主体要素向建筑技术文化表象转化过程中，扮演着十分重要的角色。

10　在过程中的思考

众所周知，技术的进步成为促进"普世文明"的最大动力。所以，人们往往在考虑文化"趋同"问题的根源时，将目光聚焦在技术的不断更新与普及上，却忽视了深入思考技术的本质特性在建筑文化发展中的双向作用。与此同时，建筑文化"趋同"现象，引起"全球化"与"地域化"、"现代化"与"传统化"的热烈探讨，技术的进步也被视为危及地域建筑文化传承或造成"趋同"现象的危险因素，这正是笔者以建筑技术为主导方向，研究建筑文化的原因。

毋庸置疑，建筑是人类通过技术手段完成的、满足人的需求的物质空间，是技术物化的结果，其主要属性是科学技术的产物，是巨大的物质产品。脱离开技术来谈建筑文化，难免会有偏差。

建筑技术在建筑文化的形成过程中，占据着特殊而重要的地位。正是因为这种重要的地位，才会出现历史上"现代建筑"文化有着巨大影响和广泛传播。因此，我们不能只重视建筑表象的文化状态，而应该更重视表象文化背后的技术支撑，尤其是对传统建筑文化的研究，不是简单的符号，而是有技术的背景、经验和技术衍生文化的过程。鉴于此，笔者在本研究中选择以建筑技术文化为研究对象，提出建筑技术与建筑文化"同生共进"的观点，分析建筑技术发展、传播影响下的建筑技术文化现象、特性和生成规律。

由于技术与文化的"同生共进"关系，笔者认为，从建筑技术的角度探讨地域建筑文化发展是最根本的。因此，笔者对地域建筑文化与地域建筑技术之间"相随心生"的逻辑关系，以及地域建筑文化"和而不同"的多元现象进行了进一步的论述。希望以这种层层递进的解析，阐明建筑技术与建筑文化之间的内在本质逻辑。深刻认识、理解建筑技术本质特性与建筑文化发展之间的普遍性规律，对设计创作具有民族文化特色的地域建筑具有重要意义。

10.1 总结

基于全书"同生共进""相随心生""和而不同"三部分的分析论述，笔者对建筑技术文化的研究可总结为以下几点：

①讨论建筑文化并非讨论一种纯粹的文化现象，建筑文化无法脱离技术而独自存在。通过对大量案例进行观察与分析，笔者认为，建筑技术与建筑文化是相伴而生、"同生共进"的关系。正是由于建筑技术系统的内在支持或转化，才有建筑文化所表现出的基本特性、人文特性和

状态特性，换言之，这些特性都不同程度地显示出技术要素在形成建筑文化的过程中的重要作用。

建筑文化中的各个层次都含有多种技术要素的内在支持。建筑技术要素与建筑各类型文化之间不是单一对应关系，而是错综复杂的关系。通过历史的经验可以证明：不同的技术体系产生不同的技术文化；技术系统的进化以及本身的复杂性使其在发展、传播的过程中，引起建筑文化发生更新、融合和变异现象。建筑技术系统的本质特性引发建筑文化发展过程中多种文化现象的出现。

从种种分析结果来看，笔者认为，第一，探讨建筑文化一定不能脱离建筑技术；第二，非但不能脱离建筑技术，建筑技术与建筑文化本就密不可分、相伴而生、同生共进。

②本书讨论了技术和文化两者之间的关系。概括地说，技术和文化两者之间的关系主要体现在三个方面：其一：不同的技术系统必然产生不同的建筑文化，这是古今中外的通例；其二，由于技术系统内部技术要素多样的匹配关系，即便是同样的技术系统仍然可能存在相异的建筑文化现象；其三，建筑技术系统的复杂性、各要素发展的不平衡性，促进了建筑文化的多元发展。

正是基于对以上关系的认识，笔者发现和总结了在建筑技术文化上所发生的"语言现象"：一种技术系统在某一个地域内，会产生建筑技术文化的"双言现象"，两种技术系统在某一地域内，会产生建筑技术文化的"双语现象"，而当两种技术系统在某一地域内相互融合后，则会产生建筑技术文化的"混合语现象"

通过对以上这些现象的分析，笔者提出，建筑技术亦是建筑文化多元发展的基础，技术系统自身的复杂性给建筑文化的多元发展创造了前提条件。技术系统各要素的发展是非同步状态，技术传播中要素可以匹配重组，途径与方式可以不同，接受的阻力可以存在差异（技术传播中的衍射现象）。这样，导致建筑技术文化在技术的传播过程中，出现了多样化的表象。这些复杂现象证明了建筑技术发展对建筑文化的多元会产生相当大的促进作用，而所谓"技术的同一发展就必然造成文化趋同"，只不过是表层的假象。

③地域建筑文化的形态，在很大程度上源于地域建筑技术的差异。笔者以地域建筑文化的发展为切入点，通过对地域建筑技术文化存在的"语境""深层结构""地域技术要素"（包括主体要素、客体要素和工艺要素）在转换过程中的作用进行解析，明确了地域建筑技术文化表象结

构是通过地域性建筑技术要素的组织、匹配，由地域工艺要素的转换而形成。并且，地域建筑技术要素的选择是在特定地域环境条件的"语境"控制之下，通过"深层结构"的方向性把握来限定的。地域建筑的表象形态文化源于所处环境的地域技术的内在支持，地域建筑技术是地域文化存在的核心之一。

此外，工艺要素在技术客体要素与主体要素向建筑技术文化表象转化过程中，扮演着十分重要的角色。通过地域建筑文化发展生成过程的观察和分析，可以看到工艺要素在建筑技术文化生成过程中的重要转化作用。因为工艺、技艺自身不会简单地产生建筑文化，只有在将主体要素与客体要素合理组织的历史过程中，工艺、技艺等传统的积淀、演进，逐渐赋予建筑"表层结构"以丰富的技术的文化表现，以致凝结而形成独自的、有别于其他（诸如地方的、民族的、时代的、传统的等）的"语言"或"符号"特征。因此，笔者认为，建筑文化发展应重视"相随心生"的同时，不能也不应该忽视工艺要素在建筑文化营造中的重要作用。

④地域建筑文化在漫长的发展历程中，有很多的本土建筑技术不仅被世代保留下来，而且具有很强的生命力，能够在发展中持续不断地传递，不因时间的流逝而消失。由于这些世代相传的地域技术的存在，才得以在实质的意义上保持了该地域建筑文化的地域性特征。这种现象类似于生命科学中的"基因"遗传信息的传递。笔者认为，那些能够左右地域建筑文化的特征形态的技术要素就是地域建筑文化延续发展中的"基因"，因为它们携带了地域建筑文化发展的最重要的信息"密码"。

地域建筑技术文化的发展"基因"在以多种方式传递的过程中，存在着"基因"的"累加效应"。因此，即便在同一地域内的建筑文化，也不是简单划一的（理论上讲，也不应该是完全一样的面孔），地域性建筑文化在符合地域大特征的同时，也存在着小的差异，这正是地域建筑文化在地域内多元化发展的表现。而对于全球的建筑文化发展，技术基因的"累加效应"，同样可以揭示建筑文化多元的内在原因。

⑤每一种地域建筑文化都存在于特定的地域环境中，由于特定环境的条件限定，当地人对于生活质量的要求来自于对自身环境条件的判定，并从自身的环境条件出发，对建筑技术的选择提出限定条件。这样，地域建筑技术的选择就会因为地域环境的分异而不同，导致不同地区选择的建筑技术要素存在很大的差异。不同地区，需要解决不同的环境问题，主导的技术要素也不同，因此，产生的主要技术文化形态自然

不同。最终导致地域建筑文化的多样化发展。

与此同时，在地域建筑技术文化发展的进程之中，随着技术的发展与传播，新的技术要素不断出现，地域建筑技术文化会通过其存在的"语境"进行"自我整合"与完善，从而达到螺旋式上升的发展。所以，地域建筑技术文化的"语境"对地域建筑文化发展具有重要的限定和修正作用。这就是为何在建筑技术文化的生成过程中，即便是出现外来技术要素的影响，仍然会通过负反馈机制进行地域建筑技术文化的"自我整合"，剔除那些与本土"语境"不融贯的技术要素，保留那些相融的技术要素，从而保持自身的地域特色。

10.2 对地域建筑文化发展的思考

对于地域建筑文化发展，首先，要坚持"相随心生"的设计理念。在现代建筑的发展中，建筑技术的作用使建筑文化同样存在多元的机遇，只是这种多元如果失去地域"语境"的整合，将是表象的多元，而没有地域的根基。拷贝地域符号的手段作为地域建筑的发展途径，或盲目地接受外来的"新"技术的做法，都是不可取的。"相随心生"的理念应该是我们面对未来建筑发展的原则。发展地域建筑文化的首要理念是"相随心生"。在现代建筑设计中，同样要重视表象与深层之间"相随心生"的关系，避免落入形式主义的符号拷贝中。

其次，因为地域建筑文化与地域建筑技术是"相随心生"的关系，地域建筑技术是地域建筑文化的内在、核心支持。在未来的设计中，对于地域建筑文化的发展，可以采用"基因埋嵌"的方式。就是在新的建筑技术要素组织中，融入仍然具有生命力的传统地域技术要素。由于技术基因对传统地域文化的信息承载，使这些技术基因在未来的建设中，仍然可以起到传递传统文化的作用。

再次，要坚持"整体环境观"。在地域建筑技术文化生成过程中，不可避免会受到外来技术要素的影响，对于"外来"的"新"技术要素，不必担心"趋同"而拒绝，同时要避免直接拷贝技术要素的最后表象结果。外来技术在接受之前，应该根据建筑"生长"的"语境"来筛选外来新技术，从而选择最适宜本土发展的技术要素，而不是盲目追求"高""新"技术而丧失自我，在发展中求得自身地域特征文化的延续。

此外，要坚持"发展观"。因为"语境"是发展变化的，我们应该紧随时代的发展，以生态审美理念为指导原则，对技术的选择要根据多重自身环境背景进行理性地选择，不能为了"发扬"地域文化而盲目地拷贝历史。

最后，建筑文化的内在本质是建筑技术内在合理的逻辑，建筑技术是建筑文化的核心。因此，在未来的建设发展中，要符合、顺应技术的进步才是建筑文化健康发展的方向。生态理念下的"整体自然观"和"发展观"是选择技术、应用技术的指导思想，同时是促进地域建筑文化发展的催化剂。

通过对建筑技术文化的研究，笔者认为，应提倡"理性"设计。这种"理性"应该不单单是在建构过程中的逻辑理性，更包含适应环境的技术选择。与此同时，更应明确一切物质技术都是为人服务的，就像美国建筑师约翰·波特曼（John Portman）阐明的那样："一切是为了人，而不是为了物"。因此，对技术的把握，不单单要考虑技术的适宜性，同时应关心人对地域文化的精神需求，这正是部分传统地域建筑技术之所以继续留存的价值所在。

在本书的写作中，笔者对建筑技术在传播中的现象只提出了"衍射"现象，这不会是唯一的传播现象。对建筑技术文化在发展中由于技术的发展、传播而出现的多种现象，笔者仅仅概括性地提出三类："双言现象""双语现象"和"混合语现象"，这些并不能完全涵盖整个建筑技术文化发展历程中的文化现象。关于地域建筑的底层逻辑的反思也应该是持续的，吾将上下而求索。

后记：回望与前行

【萌芽】

我和双胞胎姐姐在美丽的大连降生，四岁那年，父母响应支援大西北建设的号召，全家迁居到了历史悠久的太原。五岁那年，妈妈第一次带领我踏入了晋祠博物馆。那一刻，我被眼前的景象深深震撼——世间竟有如此绝妙之地，建筑与园林的完美融合，让我一见倾心。尽管那时的我，还未能完全理解建筑艺术的深刻内涵，但晋祠中蜿蜒的曲桥、潺潺的流水、精致的亭台楼阁和郁郁葱葱的林木，都深深地烙印在我的记忆中，成为了一颗待萌发的种子。高考之际，出于对绘画的热爱，我毅然选择了唯一需要进行素描考试的建筑学作为我的志愿专业。就这样，在懵懂与好奇中，我踏上了建筑学的道路，并逐渐爱上了建筑设计。

【我的妈妈】

在这一路上，妈妈始终是我最坚实的后盾和最大的支持者。每逢暑假，即便机会难得，妈妈也总是设法带我外出旅行，让我有机会目睹并感受各个城市的建筑风貌。当我硕士毕业后留校任教，首次站上讲台授课时，内心充满了紧张与不安。而妈妈，她选择坐在讲台下，静静地聆听我的第一次授课……妈妈性格温和，与她总有说不完的话，她那幽默风趣的灵魂，总能在我犯错时给予我宽容的开导，从未有过丝毫的责备。

然而，2024年6月，妈妈永远地离开了我，如今，我多想再和妈妈聊聊天，却已无法实现。我将此书作为一份最深情的礼物献给她，算作我交给她的一份特别的作业。

【关于西安】

寒来暑往，当年读书的西安有我今生最特别的青春回忆，所有曾支持过我的师姐、师兄、师弟和导师依然在那里。能够在这样一座历史文化名城中感受中国文化，学习做人、治学之道，是我的幸运。

感谢秦佑国先生对我博士论文研究的启发和无私地指导，并提供资料，感谢佟裕哲先生无私提供资料。感谢李志民教授、杨豪中教授、王军教授对论文提出中肯的意见，给予我莫大的帮助。还有令人尊敬的张似赞先生、张光先生，他们在自己繁忙的工作中，抽出时间和我探讨课题。在二十年后致敬几位前辈，我对他们无私的胸怀深表钦佩。最让我难忘的是师姐刘晖一家人，董芦笛、董小晖，还有刘晖的父母……他们给予独在异乡的我以家人般的温暖和快乐，使我至今铭刻在心。

最后，我要特别感谢两位恩师：周若祁教授、刘加平院士在论文的写作中给予的教诲和指导。两位教授治学严谨的作风、宽以待人、认真负责的态度，令我受益良多。在此，对两位恩师深表谢意。

【所以成稿】

毕业后，我回高校执教，并同时作为执业设计师投身于设计院的工作之中，至今已满二十年。在这期间，我主持并参与了众多设计项目，足迹遍布山西省内外。从太原市滨河自行车道的研究到城市有机更新项目，从乡村振兴建设到院校景观环境设计，从工业区改造到城市街道的更新……

近年来，在深入探索有机更新和历史风貌保护的研究过程中，我不断思考地域文化的传承与发展、历史风貌保护的有效策略。在这个过程中，我重读了当年的博士论文，惊喜地发现其中的思考竟然与我现在的实践探索不谋而合。论文中提及的风貌保护策略和方法，在当今的实践中依然具有指导意义。

托尔斯泰曾言："多么伟大的作家，也不过是在书写个人的片面而已"。受此启发，我决心记录下自己的"片面"见解，于是，我着手对博士论文进行系统地整理与增补，旨在将其打造成一部完整的著作。或许这一决定显得有些姗姗来迟，但我却深信其正当其时。历经二十载的职业生涯，我积累了丰富的实践经验，这些宝贵的经历不仅验证了我早年论文中的逻辑思考，更使我对自己的学术道路充满了信心。如今，我满怀喜悦地将这份融合了我二十年思考与实践的结晶整理成书，期望它能成为在相关领域研究与实践中一份有价值的参考。在此，我要衷心感谢为这本书的出版工作倾注了心血的雷泽鑫博士，以及那些积极参与其中的研究生：何雨欣、闫国婧、王滢、付家馨、刘舒艺、杨帆、付卓君等。

2024年冬 于龙城